爱中国
了解中国

U0623915

讲给少年儿童的
中国科技与教育发展之路

下册
以俄为师到自主发展的中国教育之路

畲田　主编

北方妇女儿童出版社
·长春·

图书在版编目（CIP）数据

爱中国，了解中国：讲给少年儿童的中国科技与教育发展之路. 下册 / 畲田主编. ——长春：北方妇女儿童出版社，2014.1

ISBN 978-7-5385-7882-9

Ⅰ．①爱… Ⅱ．①畲… Ⅲ．①科学技术—技术发展—中国—少儿读物②教育事业—发展—中国—少儿读物Ⅳ．①N12-49②G521-49

中国版本图书馆 CIP 数据核字 (2013) 第 254066 号

爱中国 了解中国

讲给少年儿童的 下
中国科技与教育发展之路

主　　编	畲　田
出 版 人	刘　刚
策 划 人	师晓晖
责任编辑	师晓晖
开　　本	720mm×1000mm　1/16
印　　张	13
字　　数	150 千字
版　　次	2014 年 1 月第 1 版
印　　次	2016 年 11 月第 3 次印刷
出　　版	北方妇女儿童出版社
发　　行	北方妇女儿童出版社
地　　址	长春市人民大街 4646 号　　邮　编：130021
电　　话	编辑部：0431-86037970　　发行科：0431-85640624
印　　刷	延边星月印刷有限公司

ISBN 978-7-5385-7882-9　　　　定价：32.00 元

前言
QIANYAN

今天，我们生活在一个被科技武装起来的世界，我们的衣、食、住、行都受到了科技的巨大影响。科技的进步是一个渐进的过程，几十年前，新中国刚刚建立，那时候，我国还是一个以农业为主的落后国家。由于科技不发达，当时人们的物质生活相当匮乏。但是，经过几十年的发展和建设，我们国家的科学技术有了突飞猛进的发展，创造了一项又一项举世瞩目的科技成就。"蛟龙"潜海，"神十"飞天，"嫦娥"奔月，科技让我们在宇宙间自由驰骋。未来，掌握先进科学知识的中国人民，生活将会更好。

科技的发展，社会的进步，很大程度上得益于教育的发展。新中国建立以来，我国的教育事业快速发展，义务教育普及、高等教育的快速发展等都大大提升了国人的文化水平。大批受过一定教育的劳动者出现，为经济建设提供了宝贵资源，在它们的辛勤劳动下，我们的国家才能快速发展。

今天，当我国成为全球第二大经济体，人民生活显著改善的时候，我们有必要去探究那些促使这一切发生的因素，有必要去探究这些改变发生的过程。回顾新中国建立六十多年来我国科技和教育领域的重大事件，我们或许能找到答案。

目录
MULU

下册 以俄为师到自主发展的中国教育之路

1. 新中国教育起步

1949 年 10 月，新中国诞生在世界的东方。灾难深重的中国人民在伟大的中国共产党领导下，创建了由人民当家做主的国家政权——中华人民共和国。

大国崛起，万貌始更，中国的教育事业也由此走上了新的征途。

1949 年 9 月，中国人民政治协商会议召开，通过了《中国人民政治协商会议共同纲领》。《共同纲领》是中国人民近百年来革命斗争经验的总结，是全国人民意志和利益的集中表现。它在当时是全国人民的大宪章，起了临时宪法的作用。

▼ 正在上课的学生

以俄为师到自主发展的中国教育之路

它是当代中国史上的重要文献。

在《共同纲领》第五章"文化教育政策"中明确地规定了新中国教育的性质、任务："中华人民共和国的文化教育为新民主主义的，即民族的、科学的、大众的文化教育。人民政府的文化教育工作，应以提高人民文化水平，培养国家建设人才，肃清封建的、买办的、法西斯主义的思想，发展为人民服务的思想为主要任务。"关于教育方法和改造旧教育的步骤、重点，《共同纲领》指出："中华人民共和国的教育方法为理论与实际一致。人民政府应有计划、有步骤地改革旧的教育制度、教育内容和教学法。"

"有计划有步骤地实行普及教育，加强中等教育和高等教育，注重技术教育，加强劳动者的业余教育和在职干部教育，给青年知识分子和旧知识分子以革命的政治教育，以适应革命工作和国家建设工作的广泛需要。"

《共同纲领》还规定了国民道德标准，这对培养新社会需要的新人有重要意义："提倡爱祖国、爱人民、爱劳动、爱科学、爱护公共财物为中华人民共和国全体国民的公德。"

《共同纲领》的提出，为新中国教育事业的起步奠定了良好的基础，为后来的各种行动和策略指引了一个正确的方向。

1949 年 12 月，全国第一次教育工作会议进一步明确了当时基本文化素质教育的发展政策：

——建设新民主主义教育，以老解放区新教育经验为基础，吸收旧教育有用经验，借助苏联经验。

——限于国民经济处于恢复阶段，教育不能百废俱兴，要采取"稳步政策"。基本文化素质教育的发展，一是以工农教育为重点，开展全国范围识字运动；二是小学教育稳步发展，老解放区以巩固、提高为主，解决师资教材问题，新解放区则"维持原有学校，逐步改善"。

——配合识字运动开展，准备识字教育的教材和组织群众中的师资；同时，集中一批干部和有经验的教员，编辑和改变原有中、小学的教科书。

2. 群众办学的兴起 ★★★

1950年，随着国家的建立和改革开放的逐渐施行，中国农民的生活发生了翻天覆地的变化，他们开始期望将自己的子女送进校园，接受教育。与此同时，学校的短缺成了大问题，即使当时已经接管了不少学校，但是仍然无法满足现实的需求。农民便开始想起了自己的方法，群众办学逐渐兴起。

在安徽省屯溪市率口乡云村筹措学校经费会上，农民赵云龙说："我们两代没有读过书，吃了

很多苦，我自愿捐出大米 30 斤。"村农会主任也说："我虽然生活很苦，但不识字更苦，虽没有子女读书，但为着把农村教育办好，我也捐大米 15 斤。"在他俩的带动下，解决了云村初级小学的经费问题。

安徽当涂县大桥小学学生 100 多人，只有一个教室，经召集群众会议，组织了修建委员会，共捐助近 3000 斤大米的修建费，码头工人自愿为学校搬材料，经群策群力，新校舍很快就落成。福建省云霄县荷步小学，原有学生不到 30 名，由于教师的努力，在群众的帮助下，添置了课桌椅 40 套，大黑板 5 块，300 瓦汽油灯 2 盏，以及一些体育器械，学生一下增加到 320 人。

3. "语文"替代"国文" ★★★

在解放前，语文课在小学称"国语"，中学称"国文"。那它是什么时候修改的呢？

原来 1949 年，叶圣陶先生主持华北人民政府教科书编审委员会工作时，建议把旧有的"国语"和"国文"更名为"语文"，并重新编辑新的课本。这个提议得到了政府的支持，并立刻组建了由当时的贝满女中校长陈哲文带头的编写小组。经历了两三个月的时间，才完成了草稿。

1949 年 8 月，叶圣陶先生又从头至尾逐字逐句地进行了修改，并最后定稿。

　　在第二年——1950 年 8 月，中央人民政府教育部颁布了《中学暂行教学计划（草案）》。这是新中国的第一个中学教学计划。

　　《中学暂行教学计划（草案）》不仅明令规定了"语文"替代"国文""国语"，作为一门课程的称谓正式登上历史舞台。还取消了旧中国的"党义""童子军""军事训练"等科目，规定中学设政治、语文、数学、自然、生物、化学、物理、历史、地理、外语、体育、音乐、美术、制图 14门课程。并且，在这个计划中，为了加强对学生的新民主主义教育，政治课程被单独并着重提出。

▼ 学写汉字的小学生

以俄为师到自主发展的中国教育之路

▲ 中国人民
大学校门口

4. 第一所新型大学建立 ⭐⭐⭐

　　中国人民大学是新中国创办的第一所社会主义的新型大学。它的前身是 1937 年诞生于抗日战争烽火中的陕北公学，以及后来的华北联合大学、北方大学和华北大学。1949 年 12 月召开的全国教育工作会议决定成立中国人民大学。1950 年 10 月 3 日，中国人民大学在北京举行开学典礼。

　　刘少奇副主席在典礼中指出："这个大学是新中国办的第一所新式大学，在中国历史上以前没有过的大学。中国将来的许多大学都要学习中国人民大学的经验，按照中国人民大学的样子来办。"

　　1970 年，由于"文化大革命"的影响，中国人民大学停办，直到 1978 年才复校。

60 多年来，中国人民大学共为国家培养人才 20 多万，4000 多名外国留学生曾在中国人民大学学习。到今天，它已经形成并初步完善了以全日制本科教育和研究生教育及成人函授教育为主要办学形式的多学科、多层次、培养各类高级专门人才的办学格局和体系，向着具有自身特色和重要国际影响的世界一流大学的目标，迈出了新的步伐。

5. 中央美术学院、中央戏剧学院、中央音乐学院成立 ★★★

1950 年 4 月，国立北平艺术专科学校与华北大学美术系合并，成立了中央美术学院，毛泽东为学院亲笔题写了校名。北平艺术专科学校的历史可以上溯到 1918 年由著名教育家蔡元培积极倡导下成立的国立北京美术学校，这是中国历史上第一所国立美术教育学府，是中国现代美术教育的开端。华北大学美术系的前身是 1938 年创建于延安的"鲁艺"美术系。

在同年一月，中央戏剧学院正式成立。中央戏剧学院的历史可以溯源至 1938 年 4 月 10 日成立的延安鲁迅艺术学院，至今已经有 70 多年的历史，其间历经华北联合大学文艺学院、华北大学第三部，后又有南京国立戏剧专科学校并入。

▲ 中央戏剧学院当时设有普通科、本科和研究生部，并建立歌剧、话剧、舞蹈三个团

中央音乐学院是由 20 世纪 40 年代的国立音乐院（含幼年班）、东北鲁迅文艺学院音工团、华北大学文艺学院音乐系、国立北平艺术专科学校

▲ 1926 年的燕京大学校园

音乐系及上海、香港中华音乐院等几所音乐教育机构于 1949 年 9 月起在天津合并组建而成，同年 12 月 18 日政务院正式命名学校为中央音乐学院，并任命正副院长。1950 年 6 月在天津补行成立典礼，1952 年燕京大学音乐系并入，1958 年迁至北京，坐落在北京西城区复兴门原清醇王府旧址（光绪皇帝出生地）。但学院的历史应追溯到 1940 年 11 月抗战期间在陪都重庆青木关成立的国立音乐院，它是中央音乐学院多个前身中一脉相承的主要前身，至今已有 70 多年校龄。

6. 工农速成学校 ⭐⭐⭐

1950 年 12 月 14 日中央人民政府政务院发出《关于举办工农速成中学和工农干部文化补习学校的指示》。指出为了认真提高工农干部的文化水平以适应建设事业的需要，人民政府必须给他们以

专门受教育的机会,培养他们成为新的知识分子。为此，决定在全国范围内有计划有步骤地举办工农速成中学和工农干部文化补习学校。

最早创办的工农速成中学，是 1950 年 4 月 3 日教育部与北京市文化局联合创办的北京实验工农速成中学。接着沈阳、大连、哈尔滨、太原、保定、西安、兰州、无锡等地相继创办工农速成中学。

这些学校的任务是招收参加革命或产业劳动一定时间的优秀的工农干部及工人，施以中等程度的文化科学基本知识的教育，使其能升入高等学校继续深造，培养成为新中国的各种高级建设人才。工农速成中学修业年限定为 3 年。学生在机关、工厂、学校有计划地学习，第一类是准备升入高等学校文史、财政、政法等科的；第二类是准备升入高等学校理科、工科的；第三类是准备升入高等学校医科、农科及生物学等科的。

1955 年教育部又发出《关于工农速成中学停止招生的通知》，该《通知》指出，几年来，在全国各级党委和人民政府的领导下，由于有关方面的协助及学校全体师生的努力，已有了一定的成绩，但要求大批优秀工人骨干和干部长期脱产学习目前是办不到的。今后对广大工农干部和工农群众的学习，应坚决贯彻业余为主的方针，不再采用工农速成中学的办法。因此决定到 1955 年秋季起不再招生。

到 1958 年最后一批学生毕业，共八年时间为国家培养了大批建设人才。他们中间有的受完大学教育（或留苏毕业），学到了专业知识，担当起经济建设的技术骨干，有的还担任了政府或者高等学校的领导职务。有的在工农速成中学毕业后即走上工作岗位，成为中等学校和党政机关的骨干。

举办工农速成中学，在我国教育史上谱写了新的篇章，为工农干部接受高等教育，轮训干部，对成人进行文化教育，走出了一条可供借鉴的道路。

7. 收回教育主权 ★★★

所谓高校的办学自主权，就是指高校作为具有独立法人资格机构，依法独立行使本校教育决策、教育组织活动的权力。我国高校呼吁扩大办学自主权始于建国之初。

在旧中国的高等学府中，最先被解放军接管的是清华大学。1948 年 12 月 15 日，人民解放军进驻北平海淀，解放了清华园。几天后，在西校门口，出现了一张布告。

中国人民解放军第十三兵团政治部布告

为布告事，查清华大学为中国北方高级学府之一，凡是我军政民机关一切人员，均应本着我

党我军既定爱护与重视文化教育之方针，严加保护，不准滋扰。尚望学校当局及全体学生，照常进行教学，安心求学，维持学校秩序。特此布告，俾众周知。

政治部主任　刘道生

中华民国三十七年十二月十八日

1949 年 1 月 10 日，北平军管会派出代表，正式接管了清华大学。整个接管的具体过程，以北平市对公立高等学校的接管作为典型加以说明。

8. 接管辅仁大学 ★★★

新中国成立前。中国无论高等学校还是中等学校都是公、私并立，有公立，有私立。在私立学校里有一部分是教会学校，由外国教会办理，其管理权、教育权为外国教会把持，教什么课程、聘请什么样的教师，并不顾及中国法律。这就侵犯了我国的教育主权。

辅仁大学就是这样一所大学，它由天主教会主办，北京解放以后，教会先以减少津贴的办法阻碍学校的正常工作，进而又以侵犯中国教育主权的无理要求把津贴费改为拨付教育经费，对此中国政府严辞拒绝。

1950 年 8 月，教会停止对该校的一切津贴经费，中国政府应学校的要求支付所需经费，但在某些势力控制下的天主教会又在校内挑拨学校与中国政府的关系，以此制造混乱，严重侵犯了中国教育主权。为此，教育部马叙伦部长以中国政府的名义于9月25日通告教会驻校代表：教会不得干涉学校行政，否则中国政府即将学校收回自办。9月30日，教会以"最高首长"回电，仍然坚持干涉中国教育主权的无理要求，中国政府授权教育部，于1950年10月12日接收辅仁大学，并同时声明这纯属教育部主权的回收，与宗教信仰毫无关系。

　　从接办辅仁大学中可以窥见，从外国手中收

▼ 山东大学

回教育主权是新中国在教育方面的坚定政策，接办辅仁大学只是回收教育主权的开始。1950 年 12 月 30 日，《人民日报》发表了政务院第六十五次会议作出的《关于处理接受美国津贴的文化教育救济机关及宗教团体的方针的决定》。该决定规定：政府应计划并协助人民，使现有接受美国津贴的文化教育救济机关及宗教团体实行完全自办。对接受美国津贴的文教医疗机关，应分别情况或由政府接管改为国家事业，或由私人团体继续经营改为中国人民完全自办的事业。私人团体经营确有困难者，政府予以适当补助，对于他们自立、自养、自传的"三自"运动应予以鼓励。

此时，全国接受外国津贴的学校，除辅仁大学已经接收外，还有 20 所，共有学生 14536 人，教职员 3491 人，工警 1493 人。其中接受美国津贴的 17 所，学生 12984 人，教职员 2940 人，工警 1879 人。

在 1951 年接受外国津贴的学校全部被收归教育主权。其中有 11 所被接收后改为公办，即燕京大学、津沽大学、协和医学院（接收后改称中国协和医学院）、铭贤学院（接收后部分系科改为山西农学院、部分系科合并于山西大学工学院和西北工学院）、金陵大学、金陵女子文理学院（接收后两校合并称金陵大学）、协合大学、华南女子文理学院（接收后两校合并为福州大学）、华中大学

(接收后为华中师范学院)、文化图书馆专科学校、华西协合大学（接收后改称华西大学）；有9所改为中国人民自办，维持私立，政府予以补助，即沪江大学、东吴大学、圣约翰大学、之江大学、齐鲁大学、岭南大学、求精商大学、震旦大学、震旦女子文理学院(接收后两校合并为震旦大学)。

9.《人民教育》创刊 ★★★

新中国刚成立，刚刚起步的教育体系的建设急需理论的指导，因此，在1950年5月1日，《人民教育》创刊。1951年7月后，这是中华人民共和国教育部的机关刊物，是教育部主办的全国性、综合性的权威教育刊物。《人民教育》杂志创刊时，毛泽东主席亲笔题词："恢复和发展人民教育是当前重要任务之一。"成仿吾出任《人民教育》编辑委员会主任委员，叶圣陶、柳湜任副主任委员。《人民教育》杂志除了1957年11月～1958年4月和1958年8月～1959年11月间曾一度停刊外，作为国家最高教育行政机关的机关刊物，《人民教育》在"文化大革命"以前一直负责对全国教育工作进行政策、思想和业务上的全面指导。1982年1月《高教战线》创刊后，《人民教育》开始以中小学教育、职业教育、幼儿教育、中等师范教育及初等和中等内容为主要内容。

10. 人民教育出版社成立 ★★★

1950 年 9 月召开的全国出版会议上，提出了中小学教材必须全国统一供应的方针，并决定组建人民教育出版社。

同年 12 月 8 日，人民教育出版社成立。叶圣陶出任社长，柳湜任副社长。

人民教育出版社是根据全国出版社会议的决定由出版总署和教育部共同组建的。该社是专门出版教科书及一般教育用书的出版社，在方针政策上受教育部领导,在出版事务上受出版总署领导。

1960 年 4 月 1 日，人民教育出版社又与高等教育出版社合并，仍由叶圣陶出任社长。

11. 首个学制颁布 ★★★

1951 年 10 月 1 日改革学制,产生了新中国的第一个学制。这是新中国的第一个学制。它包含了幼儿教育、初等教育、中等教育、高等教育、各级政治学校和政治训练班、特殊教育等六大部分。

新学制规定：①幼儿教育。对 3 ~ 7 周岁幼儿在入小学前实施使其身心获得健全发展的教育。②初等教育。给儿童以全面发展的小学基础教育；对青年和成人实施以相当于小学程度的工

▲ 拉小提琴的学生

农速成初等学校、业余初等学校和识字学校的教育。③中等教育。实施中等教育的学校为中学、工农速成中学、业余中学和中等专业学校。前三者给学生以全面的普通文化知识教育，后者按照国家建设需要，实施各类中等专业教育。④高等教育。实施高等教育的学校为大学、专门学院和专科学校。在全面的普通文化知识教育基础上给学生以高级的专门教育。⑤各级政治学校和政治训练班。实施革命的政治教育。各级人民政府还设立各级各类补习学校和函授学校，并设立聋哑、盲等特殊学校，对生理上有缺陷的儿童、青年和成人施以教育。

这之中规定了修学年限。大学修学年限为3～5年，包含了师范学院修业年限为4年，专科学校修业年限为2～3年，高等学校附设专修科修业年限为1～2年，研究部修业年限为2年以上。入学年龄均不作统一规定。

此次学制改革具有以下明显特点：一是突出了"教育为国家建设服务，学校向工农开门"的方针，保证了工农干部和工农群众享受教育的权利。二是确立了各类技术学校和专门学院的地位，保证了各种专门技术人才和管理人才的培养，以适应国家经济建设的急需。三是高等学校类型开始向多样化发展，有利于培养国家需要的具有高级专门知识的建设人才。四是体现了民族平等、男女平等的原则。五是体现了方针、任务的统一性与方法、方式的灵活性。

从 1952 年起，学制改革开始在全国各地逐步推行。

12. 院校调整 ★★★

新中国成立后，为了适应国家对建设专业人才的迫切需求，高等院校的院系调整开始在小部分院校展开。

从 1951 年起，特别是从 1951 年下半年起，逐渐在全国范围内开始了有计划、有重点的院系调整。

1951 年 5 月，中央决定将天津北洋大学与河北工学院合并，自同年 8 月起正式成立新校，定名为天津大学，专门为燃料工业、重工业、轻工业、纺织工业及水利等方面培养人才。这次合并，可以说是为大规模、有计划的进行院系调整作了试点。1951 年 7 月，基于培养师资的需要，华东教育部决定以光华、大夏两大学为基础，与东亚体育专科学校、同济大学动植物系、复旦大学教育系、沪江大学音乐系合并成立华东师范大学，这是我国高等师范教育建设上的一件大事。

1951 年的 11 月，中央教育部在京召开全国工学院院长会议，提出全国工学院调整方案，开始了全国范围内有计划有重点的院系调整工作，揭

▲ 北京大学

开了 1952 年院系大调整的序幕。这次会议提出全国工学院的地区分布很不合理；师资设备分散；使用上很浪费；学科庞杂，教学不切合实际，培养人才不够专精；培养学生的数量更是远远不能适应国家当前工业建设的需要。会议决定以华北、华东、中南三个地区的工学院为重点作适当调整，并确定了调整方案：

（一）将北京大学工学院、南京大学工科各系并入清华大学。清华大学改为多科性工业学校，校名不变。清华大学的文、理、法三学院及燕京大学的文、理、法三学院各系并入北京大学。北京大学成为综合性大学，燕京大学撤销。

（二）将南开大学的工学院与津沽大学的工学

院合并于天津大学。

（三）将浙江大学改为多科性的高等工业学校，校名不变。将之江大学的土木、机械两系并入浙江大学，浙江大学的文学院并入之江大学。

（四）将南京大学的工学院分出来和金陵大学的电机工程系、化学工程系及之江大学的建筑系合成独立的工学院。

（五）将南京大学、浙江大学的航空工程系合并于交通大学，成为航空工程学院。

（六）将武汉大学的矿冶工程系、湖南大学的矿冶系、广西大学的矿冶系、南昌大学的采矿系调整出来，在湖南长沙成立独立的矿冶学院。

（七）将武汉大学的水利系、南昌大学的水利系、广西大学的土木系的水利组合并，成立水利学院，仍设于武汉大学。

（八）将中山大学的工学院、华南联合大学的工学院、岭南大学工程方面的系科及广东工业专科学校合并成立独立的工学院。

这次院系调整，规模较大，调整学校总数占全国高校总数的 3/4。如华东区 59 所，未参加调整的只有 8 所，停办或调整后校名取消及迁移外区的学校达 21 所。1952 年院系大调整后，全国新设高等工业院校 11 所，新增高等农业院校 8 所，高等师范院校 3 所，高等医药院校 2 所，高等财经院校 3 所，高等政法院校 2 所，高等语文院校 1

▲ 大学的学生

所，高等艺术院校 1 所，共计 31 所。从原综合大学独立出来的专门学院有 23 所，调整后停办的高校共 49 所，改为中专的 4 所。

1953 年，在 1952 年院系调整的基础上，又进行了一次补充。这次院系调整，以中南区为重点，其他地区则局部进行，调整的重点仍为着重改组尚未进行调整的旧的系科庞杂的大学，加强和增设高等工业学校和适当增设高等师范院校，对政法、财经院系则采取了适当合并集中的办法。

至此，全国高校可以说已基本上完成了院系调整任务，结束了院系庞杂设置分布极不合理的状况，走上了培养适应国家建设需要的人才的轨道。

一进入 6 月，又要进行全国高考了。全国上下都进入紧张准备的状态。现在全国高校，除少数少量实行自主单招外，多数仍然实行参与全国高考招生录取。那么，这个制度是怎么建成的？新中国第一次高考又是怎样的场景？

1949 年新中国成立后，为了稳定全国政局，大部分高校仍然实行单独招生，有的实行联合招生，比如当时上海市的交大、法学院、商学院等16 所院校就实行联合招生，使用统一试卷同时进行考试。

到了 1952 年，教育部发布《关于全国高等学校一九五二年暑期招收新生的规定》，《规定》中指出：自该年度起，除个别高校经教育部批准外，全国高等学校一律参加全国统一招生考试录取。同时成立了全国高等学校招生委员会，原则指导全国高等学校的招生工作。这一年就是新中国高等学校招生考试（高考）制度建立之年，标志着新中国高考时代的开始，这就是新中国高考制度的源头。

同时，对于这次高考，《规定》中还有详细的说明：一、大行政区分别在适当地点定期实行全部或局部高等学校联合或统一招生，并允许学校

以俄为师到自主发展的中国教育之路

自行招生；二、对有三年以上工龄的产业工人、革命干部、革命军人、兄弟民族学生和华侨学生从宽录取；三、国文、外国语（允许免试）、政治常识、数学、中外历史、中外地理、物理、化学为共同必考科目，各校得根据系科之性质分别加试各系科之主要科目。不能出奇僻的及超出中学课程范围的试题。

这是新中国成立后的第一次高等学校招生考试，是新中国的第一次高考。有 59000 万人报名参加，最后录取 50320 万人，录取率为 90%。这个录取率至今还未被改写，就连 2012 年高考录取率算是较高的，也只有 75% 左右。

14. 汉字常用字表

早在 1950 年 6 月，中央教育部社会教育司开始编制常用字表。汉字常用字表，最初选自《群众急需字》《文盲字汇》《中华基本教育小字典》和旅大、济南、山东、华北、晋察冀 5 种工农识字课本，进行综合统计，共选 1589 个字。1950 年 8 月，召开第一次常用字研究座谈会，同意依据 1589 个字进行增删。于是又参考了《新华印刷厂常用字》《六家字汇总计》等材料，并考虑各个字在生活语言上的实际需要，进行增删，共选出 1556 个字，于 1950 年 9 月印成《常用汉字登记表》。12 月，召开第二次常用字研究座谈会。对《常用汉字登记表》做了常用性的检验工作。1951 年春，又参考《三千常用字表》和《福建农民常用字表》，参考专家的意见，选出一等常用字 1010 个，次等常用字 490 个，共 1550 个字。

1951 年 11 月，文字改革研究委员会筹备会第二次全体会议将原 1500 个常用字补充为 2000 个，1952 年 6 月 5 日由教育部公布。

1953 年 11 月，中国文字改革研究委员会汉字整理组拟出了《7685 字分类表》《1469 个精简汉字表》。1956 年 8 月，文改会又印发了《通用汉字表草案（初稿）》，共收 5390 字，其中有 1500 个常用字，2004 个次常用字，1886 个不常用字。经征求意见和修改，于 1960 年 7 月改订为《通用汉字表草案》，比初稿增加 500 多字。

15. 中央民族学院成立 ★★★

1951 年 6 月 11 日，中央民族学院在北京举行开学典礼。乌兰夫任院长。中央人民政府副主席朱德、李济深，政务院副总理董必武，教育部部长马叙伦等到会指导。1993 年改为中央民族大学。

中央民族学院的前身是 1941 年 9 月在延安建立的民族学院。延安民族学院以培养少数民族干部和从事民族工作的汉族干部为主要任务，以毛

泽东的题词"团结"为校风，在十分艰苦的条件下，为中国各民族共同的解放事业输送了大批干部。

为了培养大批少数民族干部，1950年6月，中央人民政府决定在北京建立一所新型大学——中央民族学院，抽调了一批当年在延安民族学院工作过的同志进行建院筹备工作。

如今，中央民族大学已经是我国唯一进入国家"211工程"和"985工程"建设的民族高等院校，在我国高等教育体系和民族团结进步事业中具有十分重要的地位。

16. 新中国首次招收研究生

1951年6月11日，中国科学院、教育部联合发布《一九五一年暑期招收研究实习生、研究生办法》，决定采用申请、推荐、审查的办法，在全国招收研究实习生和研究生。

其中，中国科学院所属各研究机构招收研究实习生，教育部所属高等学校研究部招收研究生，以培养科学研究人才和高等学校的师资。计划招收人数为500名。其中，中国科学院招收研究实习生100名，中国人民大学招收研究生200名，北京大学等14所学校招收研究生共200名。这是新中国成立后第一次招收研究生，而实际上本年度只录取了276名研究实习生和研究生。

1951 年 9 月，华东师范大学在上海成立。它是我国一所以培养教师为主的全国重点文理科综合性大学。由国家教育部主管。

华东师范大学建校时以私立大夏大学、光华大学的文、理科为基础，加上复旦、同济、沪江、东亚体专等学校的教育、动物、植物、音乐及体育等系合并而成，以大夏大学原址为校址。 1952 年院系调整前后又调进圣约翰大学、大同大学等高等学校的部分系科和教师。1989 年学校设有 20 余个系 44 个本科专业，并设有硕士生专业 82 个，博士生专业 27 个，地理学和生物学专业为博士后科研流动站学科。还设有教育科学、比较教育、

▲ 华东师范大学闵行校区图书馆

以俄为师到自主发展的中国教育之路

现代教育技术、河口海岸、人口、西欧北美地理、中国史学、心理学、中小学教材教法、文学等38个研究所和研究室。学校还成立了教育科学学院。同时采用函授、夜大学、自学考试等各种形式，开展成人高等教育。

华东师范大学建校40多年来为全国输送了大批优秀的师资力量，为中国教育事业的发展作出了不可磨灭的贡献。

18. 新中国首批留苏学生启程 ★★★

新中国成立初期，新中国最主要、最重要的外交国家是苏联，学习的对象也是苏联，所以需要大批留苏学生。去苏联学习，向苏联派遣留学生成为自然之事。

1951年8月13日、19日，中华人民共和国成立后首次派赴苏联学习的留学生分批离开北京出国。这批留学生共375名，其中有研究生136名。在以后的10年里，中国派往苏联的留学生，每年少时200人，多时达2000多人，约占10年中被派出国的留学生总数的90%。

然而，首批留苏学生因为准备的不够充分，不懂俄语。所以在到达苏联后不得不进行艰苦的俄语学习，同时也招致了苏联接收学校的不满。

1951年，国家副主席林伯渠在苏联进行了几个月的疗养和考察。其间，林老与中国第一批留苏学生进行了密切接触，详细了解他们的学习和生活情况，了解了留苏学生俄语学习方面的苦恼。林伯渠归国后，立即给刘少奇、周恩来写信，介绍自己的所见所闻：

我们中央教育部此次送苏联学习工业技术的一批学生300余人，据大使馆反映，该批学生不懂俄文的占95%。教育部计划，是把他们分别送到各种专科学校去学习的，自然分得很零散，以致学生听讲困难，学校为之补授俄文，亦不方便，该学生等先无精神准备，一到莫斯科，既听不懂话，又吃不惯饮食，加以气候亦殊，有的同学就闹起情绪来，并有个别（不止一两个）学生程度不够格，也为收纳该同学的学校所不满。

因此他建议：

以后若在派学生去苏联，须先在国内进行预备教育六个月或多一些时间（或于到苏联后，先集中教育一个时期）。首先教俄文拼音会话，尤其在政治上应先说明赴苏学习的必要性，加重其责任感。并须详细告诉他们到苏联以后的生活情形（如饮食、气候），这些是可以渐渐习惯的。

1951年10月13日，在周恩来总理指示下，外交部、教育部等筹备留苏预备学校，1952年2

月，北京俄文专修学校成立留苏预备部，凡国家派往苏联学校、进修的人员先在此学校学一年俄语。自 1952 年 3 月 31 日起，留苏预备学生开始在北京俄文专修学校留苏预备部正式上课。

作为新中国第一个和主要的留苏预备部。有着"留苏学生摇篮"称号的北京俄文专修学校留苏预备部，起了很大的作用。1960 年以后，中苏关系恶化，因此 1960 年 9 月 8 日，留苏预备部停办。

19. 高等教育部成立 ⭐⭐⭐

1952 年 11 月 15 日，中央人民政府委员会第 19 次会议通过决议，决定成立高等教育部，马叙伦为高等教育部部长，杨秀峰、黄松龄、曾昭伦为副部长，杨秀峰为党组书记。12 月 25 日，高教部举行成立大会，正式成立。

高等教育部由教育部的高等教育司独立出来，升格为一个部，与教育部同掌全国教育事业。高等教育部下设办公厅、综合大学教育司、工业教育第一司、工业教育第二司、农林卫生教育司、中等技术教育司、留学生管理司、教学指导司、计划财务司、学校人事司、政治教育司、工农速成中学司、基本建设司、翻译室、学生实习指导委员会和俄文教学指导委员会。

1958 年 2 月一届人大五次会议以后，高等教育部再度与教育部合并。

20. 少数民族民族班开办 ⭐★★★

少数民族预科班、民族班是我国专为培养少数民族地区人才而举办的大学教育班。1953 年，全国第一个少数民族预科部在中央民族学院诞生。之后，仅 1956 年至 1966 年 10 年间，就有近万名不同层次和不同专业的该班的毕业生回到本地区——西藏、新疆、广西、云南、贵州、四川等地，成为当时百业待兴的民族地区的人才骨干。

1979 年春天，中央民族学院预科部从"十年动乱"的滞办中重新恢复。一年之后，1980 年，我国正式确认，预科是高等教育的特殊层次，是少数民族学生进入全国各重点大学学习必不可少的阶梯。由此决定从 1980 年开始，有计划、有重点地在部分全国重点高等学校举办民族班，对少数民族学生采取特殊形式进行培养。民族班先在教育部所属五所重点高等院校试办，每年共招收 150 人，以后在其他部门的院校也逐步开办，如医学、水利、体育院校也相继开办了民族班。自此，预科班形成了两种形式的雏形——一种是为新疆的少数民族学生学习汉语打好基础的班级，称为汉语专修班或汉语班，学制两年；另一种是专为清

▲ 新疆维吾尔族少女

华大学、北京师范大学、北京医科大学、北京中医学院及中央民族学院等重点院校招收的少数民族学生补习基础文化知识的教学班,学习一年后,成绩合格者直接升入所考院校本科,因为这些学生来自全国各地,故称为全国民族班,简称全国班。

21. 交通大学拆分 ★★★

　　交通大学拆分指的是交通大学分为西安交通大学和上海交通大学的事件。现在,西安交通大学和上海交通大学都是国内佼佼有名的大学,其实原本一家,原本都是从校址在上海的交通大学中拆分出来的。

　　1957年根据交通大学内部的实际情况及当时上海、西安两地的需要,国家决定将交通大学的大部分专业及师生迁往西安,作为交通大学的西

▲ 西迁前在工程馆正在装箱的设备

安部分；小部分留在上海并与原上海造船学院及筹办中的南洋工学院合并。作为交通大学的上海部分；西安及上海两个部分在行政上仍实行统一管理。根据当时的情况，作为一个过渡办法，这样处理是完全必要的。

两年来交通大学西安、上海两个部分在专业设置和师资设备的调整方面，已初步就绪，并且都有了很大的发展和提高。自去年将两个部分分别下放给上海市和陕西省管理后，由于两个部分规模都很大，距离又远，行政上再实行统一管理，有许多不便之处。特别是考虑到今后两个部分都已确定为全国重点学校，培养干部的任务都很重，长此下去，对工作是不利的。

▼ 上海交通大学

为此，1959 年 8 月 17 日，交通大学的西安分部和上海分部正式分开，各自独立建校，分别称为西安交通大学和上海交通大学。于是有了现在的格局。

22. 祁建华创造"速成识字法" ★★★

　　新中国成立后，在人民解放军内展开了群众性的识字运动。1950 年。中国人民解放军西南军区某军文化教员祁建华采用联系实际的教学方法，创造了"速成识字法"。

　　祁建华发明的"速成识字法"是对成人识字教学的一项重大改革，他根据成人识字的特点，主要是以注音符号为辅助识字工具。这种方法可以使原来识字不多的人约在 150 个小时左右会认、会讲 1500 ～ 2000 个汉字；然后再通过教课本，组织阅读写作，逐渐巩固所学的字，达到会认、会讲、会写、会用的目的，以便能阅读通俗读物，写简单的应用文，基本上完成清除文盲的任务。

　　速成识字法创造后，首先在部队和工厂进行试验。1951 年。西南军区先后开办了 87 个试验班，在 12657 个工人、农民出身的干部战士和3030 个文化教员中试验有效。在第二期试验班中。经过 30 天教学，原本平均识字 1009 个的 73 人提

高到平均初步识字 2327 个，每人粗读了 30 本通俗读物、32 份报纸，写话 22 篇，效果非常明显。为此，西南军区政治部为祁建华记特等功一次，授予"模范文化教员"称号。

1951 年 12 月，中央军委总政治部发出通告，要求全军广泛推行速成识字法，1952 年 5 月，全国总工会也发出在工人中推行速成识字法的通知，国家文委还给祁建华颁发了奖状。

此后，"速成识字法"在全国得以推广，对扫除文盲起了积极的推进作用。

23. 扫盲条例

1949 年前，我国的文化教育非常落后，文盲人数占全国人口的 80%。中华人民共和国成立后，人民政府把扫盲作为一项重要工作。中央人民政府于 1952 年成立了扫除文盲工作委员会。

1953 年 11 月 24 日中央扫除文盲工作委员会发出《关于扫盲标准、扫盲毕业考试等暂行办法的通知》。规定不识字或识字数在 500 字以下者为文盲，识 500 字以上而未达到扫盲标准者为半文盲。扫除文盲的标准是：干部和工人识 2000 常用字，能阅读通俗书报，能写 200 ~ 300 字的应用短文。农民识 1000 常用字，大体上能阅读通俗的书报，能写农村中常用的便条、收据等，城市其

▲ 练习书法

他劳动人民识 1500 常用字，阅读写作能力分别参照工人、农民的标准。各省、市可根据具体情况灵活掌握，适当伸缩。扫盲毕业考试中分为识字、阅读、写作三项。

1953 年中共中央、国务院发布的《关于扫除文盲的决定》对工人的识字标准仍要求为 2000 字左右，对农民的扫盲标准规定为大约 1500 字，能大体上看懂浅显通俗的报刊，能记简单的账，写简单的便条，并且会简单的珠算。

1978 年国务院发布的《关于扫除文盲的指示》，重申了上述规定的扫盲标准。

24. 简化字方案 ★★★

我们现在使用的汉子为简体字，是在古代汉

以俄为师到自主发展的中国教育之路

字——繁体字的基础上简化而来的，这样容易普及教育，使人容易记得和使用学过的汉字。不过在我国的香港和台湾，却仍然使用繁体字。

大陆推行简体字是在新中国成立之后。它是文字改革的主要内容之一。

1954 年 12 月 23 日，作为国务院的直属机构，中国文字改革委员会正式成立。吴玉章为中国文字改革委员会主任，胡愈之为副主任，吴玉章、胡愈之、丁西林、叶恭绰等为常务委员。

1955 年 1 月 7 日，中国文字改革委员会和教育部联合发布《汉字简化方案 (草案)》。1956 年 1 月 28 日，国务院通过并公布了《汉字简化方案》。方案共三部分：第一部分是已通用的 230 个简化汉字；第二部分是公布试用的 285 个简化汉字；第三部分是公布试用的汉字偏旁简化表。2 月 1 日，废除 155 个异体字，1964 年，中国文字改革委员会出版《简化字总表》共计 2238 个简化字，14 个简化偏旁。1977 年 12 月 19 日，经国务院批准又公布了《第二次汉字简化方案 (草案)》，曾一度试用，由于群众意见较多，不久停止使用。1981 年 11 月开始对方案作进一步完善的工作，经国务院审定公布。目前汉字简化工作的任务是，使现行汉字的字形稳定下来，以适应汉字信息化的要求，特别是要使汉字便于编码输入电子计算机。这是我国现代化建设和世界各国在使用汉子文献中的要求。

汉语是我国的主要语言，也是世界上使用人数最多的语言，并且是世界上最发展的语言之一。学好汉语，对于我国的社会主义事业的发展具有重大的意义。然而，由于历史和地域的原因，我国不同地方有自己的方言，这些语言存在很大差异，妨碍了不同地区的人们的交谈，造成许多不便。在书面语言中，甚至在出版物中，词汇上和语法上的混乱都相当严重。为了我国政治、经济、文化和国防的进一步发展的利益，必须有效地消除这些现象。

1955 年在全国文字改革会议中，决定把"国语"改称"普通话"，并将"普通话"定义为：普通话是以北方话为基础方言，以北京语音为标准音的汉民族共同语（后来又加：以典范的现代白话文著作为语法规范）。1956 年 1 月 31 日，中国科学院语言研究所成立了普通话审音委员会，开始审订普通话异读词的读音。推广普通话工作随着时间推移而稳步展开。

1956 年 2 月 6 日，国务院发布了《关于推广普通话的指示》，在全国范围内推广普通话。指示

以俄为师到自主发展的中国教育之路

中对普通话的含义作了增补和完善，正式确定普通话"以北京语音为标准音，以北方话为基础方言，以典范的现代白话文著作为语法规范"。普通话一词开始以明确的内涵被广泛应用。

26. 竖排改横排

1955年1月1日，《光明日报》首次采用把从上到下竖排版改变为横排版，并刊登文章《为本报改为横排告读者》说："中国文字的横排横写，是发展趋势。"

其实文字横排古已有之，比如对联的横批，还有匾额等等，不过这些一般都是自右向左书写。

最早提议汉文横书的是爱国华侨、企业家陈嘉庚，1950年6月全国政协一届二次会议上，陈嘉庚正式向大会提出了中文书写应统一由左而右横写的提案。

著名学者郭沫若、胡愈之等也很快撰文指出文字横排的科学性，称人的两眼是横的，眼睛视线横看比竖看要宽，阅读时自然省力，不疲劳，各种数、理、化公式和外国人名、地名排写也较方便，同时还可提高纸张利用率。

面对面目一新的《光明日报》，有人欢迎，也有不少人批评。反对声最高的是诗人、书法家，因为古诗、书法一向是竖着写，改成横的，有些人不知道该怎么写了。

于是有人专门搞了一次试验：挑选 10 名高三优等生，让他们阅读同一张《中国青年报》上的短文。结果差距明显：横排版的阅读速度是竖排版的 1.345 倍。到 1955 年 11 月，中央级 17 种报纸已有 13 种改为横排。1956 年 1 月 1 日，《人民日报》也改为横排，至此，全国响应。

27.《小学生守则》和《中学生守则》★★★

1955 年 2 月 10 日，我国发布了《小学生守则》，5 月 13 日又发布了《中学生守则》，以两者作为规范中小学生行为的准则。这是新中国第一个《小学生守则》和《中学生守则》。

其后，1963 年，我国又颁布新的《小学生守则》和《中学生守则》。1979 年。教育部重新制定和颁发试行中、小学学生守则，经过补充修改，1981 年 9 月 1 日正式颁布了"文革"后的第一个《小学生守则》和《中学生守则》，成为中小学生思想、道德、行为的规范。

《小学生守则》共 10 条：

①热爱祖国，热爱人民，热爱中国共产党。好好学习，天天向上。

②按时上学，不随便缺课。专心听讲，认真完成作业。

③坚持锻炼身体，积极参加课外活动。

④讲究卫生，服装整洁，不随地吐痰。

⑤热爱劳动，自己能做的事自己做。

⑥生活俭朴，爱惜粮食，不挑吃穿，不乱花钱。

⑦遵守学校纪律，遵守公共秩序。

⑧尊敬师长，团结同学，对人有礼貌，不骂人，不打架。

⑨关心集体，爱护公物，拾到东西要交公。

⑩诚实勇敢，不说谎话，有错就改。

《中学生守则》共10条：

①热爱祖国，热爱人民，拥护中国共产党。努力学习，准备为社会主义现代化贡献力量。

②按时到校，不迟到，不早退，不旷课。

③专心听讲，勤于思考，认真完成作业。

④坚持锻炼身体，积极参加有益的文娱活动。

⑤积极参加劳动，爱惜劳动成果。

⑥生活俭朴，讲究卫生，不吸烟，不喝酒，不随地吐痰。

⑦遵守学校纪律，遵守公共秩序，遵守国家法令。

⑧尊敬师长，团结同学，对人有礼貌，不骂人，不打架。

⑨热爱集体，爱护公物，不做对人民有害的事。

⑩诚实谦虚，有错就改。

　　中国科学院（简称中科院）是我国自然科学的最高学术领导机构和综合研究中心。

　　1949 年 11 月 1 日，中国科学院在北京成立。它主要研究基本的科学理论问题和国家建设中的关键性、综合性的科学技术问题，科学院下设计划局、编译局、联络局等单位，并将原华北大学研究部、水生生物调查所、前北平研究院各研究所、前中央研究院各研究所、前中国地理研究所等单位，调整合并为地学、物理学、化学、生物学、社会科学 5 个方面 15 个研究单位，每个研究所设若干个研究室，由研究员、副研究员主持研究工作。

　　郭沫若为中国科学院首任院长，副院长有李四光、陶孟和、竺可桢、陈伯达等。同时聘任有学术造诣的各学科专业委员 161 人进行指导。当时，许多侨居海外的著名科学家，如华罗庚、钱学森、曹日昌、赵忠尧等毅然回国．壮大了我国科学研究队伍。

　　中国科学院成立以后逐步在各大城市建立了分院，拥有了数学、物理等学科，并出版了一批学术刊物和普及读物。

　　1955 年 6 月，中国科学院建立学部。由全国

以俄为师到自主发展的中国教育之路

各方面的优秀科学家担任学部委员。学部委员成了科学家最高的荣誉称号。学部委员大会是中国科学院的学术咨询和评议机构。其主要职能是，"组织学部委员研究国家在科学技术发展和现代化建设中的科学技术问题，积极参与国家重大科学技术的决策和经济决策活动，并对中国科学院及其研究所的重大学术工作进行评议和指导。"由学部大会选举中国科学院的主席团，由主席团推选院长、副院长，并领导全院工作。中国科学院原包括哲学、社会科学部，1977 年将其划出，另成立"中国社会科学院"。

1981 年 5 月，中国科学院第四次学部委员大会通过的《中国科学院试行方针》中规定：学部委员大会是中国科学院的最高决策机构，中科院主席团是学部委员大会闭会期间的决策机构，主席团成员由学部委员大会选举产生，任期四年，可连选连任。主席团成员的 1/3 是学部委员，其他 1/3 成员由中国科学院党组织和国务院有关部门协商提出人选，中科院院长由主席团推选，在首任院长郭沫若之后，依次是方毅、卢嘉锡、周光召等。

1994 年 1 月 21 日，国务院决定中国科学院学部委员改称中国科学院院士。以和国际上通用的称法相适应。

20 世纪 50 年代初在筹建中国科学院学部时，曾有过直接实行院士制的考虑。鉴于当时各方面情况，1955 年成立学部时，决定分两步走，即先遴选学部委员，而合适时实行院士制，由于种种原因，几十年来中国科学院院士制未曾实行。近年来，中国科技界人士不断呼吁，建议中国科学院学部委员改称中国科学院院士，以更好地适应中国改革开放的形势，适应国际科学技术的广泛交流。

1994 年 6 月 3 日—8 日，中国工程院成立大会在北京举行。中国工程院是全国工程技术界的最高荣誉性、咨询性学术机构。中国工程院实行院士制度。中国工程院院士，是国家设立的工程技术方面的最高学术称号，为终身荣誉。经国务院批准，首批中国工程院院士 96 人，中国工程院院长朱光亚，副院长为朱高峰、师昌绪、潘家铮、卢良恕。

同一时间，中国科学院第七次院士大会在北京举行。在此次院士大会上，修订并通过了《中国科学院院士章程》，并选举产生了第一批中国科学院外籍院士。

29. 北京市工读学校成立

工读学校是对有违法行为或轻微犯罪行为已不适于在一般学校受教育的青少年，通过边劳动边读书受教育的方式进行的一种特殊教育，一般

通过工读学校、教养学校等机构实施。它的根本目的是通过半工半读使这类青少年学习政治、法律知识，认识错误，转变思想，成为守法的社会成员。办好工读教育有利于预防和减少青少年违法犯罪现象，维护社会治安，把社会的消极因素改变为积极因素。

我国第一所工读学校是北京市工读学校，它成立于1955年，实行半工半读教育制度，设有铁、木工厂和农田、饲养场。学生每周劳动两天。多数学生在毕业时能具有二级工的技术水平。课程设置、教材与普通中学大致相同，学生学习时间多于劳动时间。该校正式毕业生在升学、就业、参军等方而与普通中学毕业生同等对待。

"文革"中，工读学校一度解散。1978年开始恢复和重建。1981年4月，国务院批转了教育部，公安部，共青团中央《关于办好工读学校的（试行）方案》。随着社会风气的逐渐好转，青少年犯罪活动减少。一些工读学校可逐步合并或者撤销。

30. 厦门大学函授部成立 ★★★

为了给华侨、华人、港澳同胞和国外人士提供学习中国语言文化和医学知识的途径，1956年10月，厦门大学华侨函授部成立。后改为海外函授部，"文革"时停办，1980年复办，第二年经教育部批准更名为"厦门大学海外函授学院"，1991年又更名为"厦门大学海外教育学院"。

学院创办时仅有 10 名教师，现在已发展成一所有 70 多名专职和兼职教师相结合的海外函授学院。应函授生的不同情况和要求，逐步增设了中国语文、中医内科、中医针灸以及化工技术等不同学制和不同层次的专修科或进修班。从 1981 年至 1985 年，先后增设了 10 多种专修班及选读课程，成为学科较为齐全，函授形式、层次、学制多样化的函授教育。

厦门大学函授部是我国第一个对外函授机构，厦门大学也成为我国最早的对外办学的高等教育机构。

▼ 厦门大学

31. 少数民族教育

少数民族教育作为我国教育事业的重要组成部分，一直受到党中央、国务院的高度重视。

1949年以前，全国没有一所正规的少数民族高等学校，全国少数民族和民族地区适龄儿童的入学率极低，如新疆地区1928年学龄儿童的入学率只有2%，宁夏1949年适龄儿童的入学率为10%，西藏为2%。教育发展的落后，导致少数民族和民族地区文盲率极高。据统计，20世纪三四十年代，全国有22个少数民族人口的文盲率在95%以上。即使文盲率较低的朝鲜、蒙、乌兹别克等民族的文盲率也在40%~60%之间。

1951年9月，教育部在北京召开了第一次全国民族教育工作会议，确定了新中国民族教育发展的方针和任务，并决定在教育部设立民族教育司，各省教育厅也设立相应的机构，主要负责少数民族和民族地区教育的发展。随后又分别于1956年、1981年、1992年召开了第二次、第三次、第四次全国少数民族教育工作会议，对少数民族和民族地区教育发展的经验、问题进行总结分析，并就如何加快少数民族和民族地区教育事业的发展提出了任务。

32. 汉语拼音方案诞生 ★★★

1956 年 2 月 12 日，《人民日报》发表了《汉语拼音方案（草案）》和《关于拟订汉语拼音方案（草案）的几点说明》，向全国人民征求意见。1956 年 10 月 10 日，我国成立了汉语拼音方案审订委员会，任命郭沫若为主任，张奚若、胡乔木为副主任，有委员 16 人。经过反复讨论和磋商，审订委员会于 1957 年 10 月提出《汉语拼音方案修正草案》。11 月 1 日，酝酿已久的《汉语拼音方案》终于诞生了。1958 年秋季起，全国小学开始教汉语拼音。

33. 中国科技大学建立 ★★★

1956 年，党中央发出"向现代科学进军"的号召，制定出《1956—1967 年科学技术发展远景规划》，新中国的科技事业进入了快速发展阶段。当时在中国，最新技术的应用还处在萌芽阶段，科技战线急需补充优秀的后备力量。而当时中国高校所培养的人才无论是数量还是质量都难以满足国家的需要。于是，利用中国科学院自身优势创办一所培养新兴、边缘、交叉学科尖端科技人才的新型大学，就成为钱学森等老一辈科学家的

共同构想。

1958 年 5 月 9 日，中科院党组向聂荣臻副总理呈递办学报告。聂荣臻随即向周恩来总理汇报，获得总理首肯。邓小平主持中央书记处会议研究后，亲笔批示："决定成立这个大学。"刘少奇、周恩来、陈云等领导审核同意了书记处的决定，此后短短三个月时间里，中国科技大学完成了一切筹建事宜，正式举行开学典礼。

1958 年 9 月 20 日，中国科技大学成立。第一任校长是著名学者郭沫若。

与老牌名校"北大""清华"相比，中国科技大学可谓后起之秀。到 1966 年它创办 8 年时，就为国家培养了 5000 多名毕业生，其中 90% 成为科研单位和高等院校的骨干力量。有些人参加了研制原子弹、氢弹、人造卫星、洲际火箭、人工合成牛胰岛素和丙氨酸转移核糖核酸等重大尖端科学研究工作，作出了突出贡献。1982 年至 1990 年，在 5800 多名本科毕业生中有 3400 多人考取了国内外研究生，比例高达 58.4%，居国内高校前列。在我国第一批博士学位获得者中，科技大学学生独占 1/3。目前，这所大学已拥有理、工、管、文等比较齐全的学科门类，还拥有几十个博士点和硕士点，一个层次完整的教育体系已经建立起来。

中国科技大学已经成为我国一流学府，被称

为"科技学府第一家"。

34. 又红又专 ★★★

又红又专，是思想道德与专业知识技能关系的概括。"红"指具有马克思主义世界观、坚定的无产阶级立场和高尚的道德品质，具体表现为全心全意为人民服务的思想；"专"指专门业务和技能，具体表现为全心全意为人民服务的实际本领。又红又专是要求人们坚持思想道德和科学知识技能的统一，既要努力用马克思列宁主义武装自己的头脑，坚定无产阶级政治信念，又要努力学习科学文化知识和专业技术，尽可能多地掌握为人民服务的本领，成为既有共产主义觉悟又有专门知识技能的红色专家，红色工程师。

提起又红又专，我们最先想到的是清华大学校长蒋南翔。

1952年，刚刚39岁的蒋南翔担任清华大学的校长。他的教学方针是走"又红又专"的道路。时至今日，清华大学依然秉承蒋南翔所确立的教育方针。

对于红与专关系的理解，蒋南翔总是反反复复地给他的学生们阐述。他举例说："红和专的关系。红是方向，专是方法。红和专的关系，就好像从清华西门出去到颐和园，你需要经常抬头

看看万寿山是否还在前面，这就是方向。但是大量的时间是在一步步地走路。"

实践证明，红专结合的制度使得政治与业务渗透，业务工作优秀的人懂得政治思想工作，而政治思想工作优秀的人又懂得业务。活跃在当今社会政坛上的一大批党和国家领导干部，很多产生在这批清华学子之中。同时，清华的师资队伍也在向又红又专的方向发展。学术地位越高的群体，党员比例越高。院士中 85%以上是党员，教授群体的党员比例达至 80%。

邓小平在 1980 年时说："清华大学的经验，应当引起全国注意，又红又专，那个红是绝对不能

▼ 清华大学
清华园

丢的……"

今天，人们虽然不再把这两个字放在嘴边，但是如何正确处理"政治"与"业务"的关系，始终是知识分子成长和成才的必要前提。如今的清华，在人才培养方面，对这一点依然重视。

35. 共产主义劳动大学 ★★★

在当代中国教育史上，曾出现过一个非常特别的大学——江西共产主义劳动大学。它是由中共江西省委决定而创办。

1958 年 6 月，在省长邵式平的积极提议下，中共江西省委作出了创办共产主义劳动大学的决定，创建了江西共产主义大学。学校坚持自力更生、艰苦奋斗的办学理念，提出"半工半读，勤工俭学"的办校方针。根据所设专业办起了农场、林场、牧场以及各种为农业服务的工厂，作为基地，提出并逐步建立起教学、生产、科研三结合新体制。至 1974 年，江西共大 108 所分校有农田 3000 多公顷，山林 2 万多公顷。农、林、牧场及农机等工厂 350 多个，生产粮食 1.8 亿公斤，收入 4 亿余元。在物资匮乏的年代，为社会创造了大量的物质财富。

不仅如此，江西共大的创办，还是中国教育史上极具特色的篇章之一，对当时的中国教育产生了很大影响。1964 年，国务院研究的半工半读教育制度，就是以江西共大为样板在全国进行试点，并对 1971 年全国教育工作会议产生了重要影响。它以改革我国农村教育结构，发展农村教育事业的一项突破性尝试而载入中国教育史册。随着形势的发展，江西共大经过多次改制，1980 年改称江西农业大学。

毛泽东给江西共产主义劳动大学的一封信

同志们：

你们的事业我是完全赞成的。半工半读，勤工俭学，不要国家一文钱，小学、中学、大学都有，分散在全省各个山头，少数在平地。这样的学校确是很好的。在校的青年居多，也有一部分中年干部。我希望不但在江西有这样的学校，各省也应有这样的学校。各省应派有能力有见识的负责同志到江西来考察，吸收经验，回去试办。初时学生宜少，逐渐增多，至江西这样有五万人之多。再则党、政、民（工、青、妇）机关，也要办学校，半工半学。不过同江西这类的半工半学不同。江西的工是农业、林业、牧业这一类的工，学是农、林、牧这一类的学。而党、政、民机关的工，则是党、政、民机关的工，学是文化科学、时事、马列主义理论这样一些学，所以两者是不同的。中央机关已办的两个学校，一个是中央警卫团的，办了六七年了，战士、干部们从初识文字进小学，然后进中学，然后进大学，一九六零年他们已进大学部门了。他们很高兴，写了一封信给我，这封信，可以印给你们看一看。另一个是去年（一九六零年）办起的，是中南海的各种机关办的，同样是半工半读。工是机关的工，无非是机要人员、生活服务人员、招待人员、医务人员、保卫人员和其他人员。警卫团是军队，他们也有警卫职务，即是站岗守卫，这是他们的工。他们还有严格的军事训练。这些，与文职机关的学校是不同的。

一九六一年八月一日，江西共产主义劳动大学三周年纪念，主持者要我写几个字。这是一件大事，因此为他们写了如上一些话。

毛泽东

一九六一年七月三十日

36. 中央广播电视大学开学

中国广播电视大学是邓小平同志在 1978 年亲自倡导并批准创办的。1979 年 2 月 6 日，中央电大与全国 28 所省级电大同时开学，2 月 8 日由中央电视台首次向全国播出课程。

中国广播电视大学是采用计算机网络、卫星电视等现代传媒技术，用文字教材、音像教材、

多媒体课件、网络课程等多种媒体进行远程教育的开放性高等学校，它与省级广播电视大学，地市级、县级广播电视大学分校和工作站组成覆盖中国内地的远程教育系统。与其他成人高校一样，电视大学主要面向高考落榜或因为其他种种原因丧失学习机会的社会人员，和需要提高学历层次的在职人员。与高等教育自学考试类似，宽进严出，学习形式有脱产（即全日制，类似普通高校）、半脱产（半工半读）、业余等多种选择。不同的是自考以自学为主，电大通过计算机网络、卫星电视等现代传媒技术进行学习，参加国家安排的统一考试，获得专科、本科学历。广播电视大学被视为典型的无门槛招生，被学生称为真正的"无围墙"大学。它的特点是只要具备相关学历，不需通过入学考试即可注册学习。电大教育实行学分制，学制两年，学籍八年有效。

37. 华侨大学成立 ★★★

20 世纪 50 年代后期，归国华侨学生增多，1960 年达 2 万多人，为了满足华侨学生入学深造的要求，国家决定建立华侨大学，由中侨委主持创办，国家拨款 542 万元启动。于是有了华侨大学。

华侨大学，名副其实，以"依靠华侨华人，服务华侨华人"为办学的宗旨，招收的学生对象以归国华侨学生为主。

1960年9月，华侨大学在福建泉州正式成立。廖承志任首任校长，建校初实行边建校、边办学的方针，于1960年秋季开始招生。借福建师范学院的校舍办学。9月下旬中文系首届84名新生注册上课。同时。招收预科班196名学生委托集美华侨补习学校教师代为上课。这就是华侨大学第一批招收的学生，标志着华侨大学的开办。

1969年华侨大学在"文革"中停办，1978年复办。

从1960年至1970年十年间，华侨大学接纳了侨居在17个国家和地区的华侨学生、港澳学生共2300多人，培养了不少专业人才。学校恢复后改为以工科为主，理工结合的综合性大学，学制四年。设有精密机械工程、土木工程、化学与生物化学工程、电子工程、建筑、计算机科学（电脑软件）、应用数学、应用化学、应用物理、中国文化、外语、艺术（中国画）、旅游等专业。

38. 母爱教育大讨论 ★★★

母爱指母亲对于儿女的爱。母爱教育指教师教育学生要晓之以理，动之以情，要关心、爱护学生。

1963年5月，《江苏教育》《人民日报》先后

发表《育苗人》《斯霞和孩子》两篇文章，介绍南京师院附小优秀女教师斯霞精心培育学生的事迹。这两篇文章都强调教师要以"童心"爱"童心"，指出儿童"不但需要老师的爱，还需要母爱"，教师要"像一个辛勤的园丁"，"给我们的幼苗带来温暖的阳光，甘甜的雨露"。

但是，中共中央宣传部认为《育苗人》《斯霞和孩子》等文章，充满了超阶级的情调，看不到无产阶级观点、革命观点，要求教育部门进行讨论。1963 年 10 月，《人民教育》发表了《我们必须和资产阶级教育思想划清界限》《从用"童心"爱"童心"说起》和《谁说教育战线无战事？》三篇文章，以讨论"母爱教育"为名，批判《育苗人》《斯霞和孩子》两篇文中的观点，认为讲"母爱""童心"就是抹杀教育的阶级性，这是涉及要不要对孩子进行阶级教育，要不要在孩子思想上打下阶级烙印和要不要无产阶级方向的问题。

这三篇文章发表后，在全国教育界引起强烈的反响。从教育部到地方教育部门，从高师院校到农村中小学，争论十分激烈。"爱的教育"被当成资产阶级教育思想遭到了猛烈的围剿。这场讨论对学校教育的影响深远，使得本来很有特色的科目都被"政治化"了。

1979 年 3 月，教育部、中国社会科学院在北

▲ 课堂

京联合召开全国教育科学规划会议。会上，教育部副部长张承先代表教育部宣布，1963 年批判"母爱教育"是错误的，予以彻底平反。

斯霞，当代初等教育专家。1910 年生，曾名碧霄，浙江诸暨人。7 岁上小学，12 岁考入杭州女子师范学校，17 岁从教，85 岁退休。曾在绍兴第五中学附小、嘉兴县集贤小学、萧山湘湖师范、南京东区实验小学、中央大学实验小学、南京师范大学附属小学等校任职。解放后加入中国共产党。

她在小学教育教学改革方面独树一帜，所倡导的"童心母爱"教育思想，所创造的"随课文分散识字"的教学方法，在全国教育界产生了广泛影响，被誉为"中国现代教育的引导者""小学教育的梅兰芳""中国的苏霍姆林斯基"。

"文革"中，她倡导的"童心""母爱"遭到批判，被打成"反动学术权威""修正主义黑样板"。1977 年重新回到学校任教，1978 年被南京市政府任命为南京市教育局副局长，她坚辞不受。同年被评为江苏省特级教师，江苏省劳动模范。80 年代起因年事已高，不再上课，经常深入课堂听课，指导青年教师。1986 年，捐出自己积蓄设立斯霞奖学金，1995 年退休，但仍坚持每天到校做她力所能及的事。

2004 年 1 月 12 日晚 11 时 35 分，著名小学特级教师斯霞因病逝世于南京，终年 94 岁。

39. "中学50条"和"小学40条"

为了建立正常的教学秩序，1963年，中央同时颁布了"中学50条"和"小学40条"的草案。草案明确了中小学教育任务的培养目标，对教学时间、劳动时间及课程设置等作了规定，还要求提高教师地位和待遇。

1961年7月，教育部起草中小学工作条例。《全日制小学暂行工作条例（草案）》分为总则、教学工作、思想品德教育、生产劳动、生活保健、教师、行政工作、党的工作和其他组织工作等8章共40条，又称"小学40条"；《全日制中学暂

▼ 正在做化学实验的中学生

以俄为师到自主发展的中国教育之路

行工作条例（草案）》分为总则、教学工作、思想政治教育、生产劳动、体育卫生和生活管理、教师、行政工作、党的工作和其他组织工作等 8 章共 50 条，又称"中学 50 条"。

1978 年，教育工作拨乱反正，教育部很快把这两个条例作了一些修改后重新颁布，说明条例对我国中小学办学方向、方法等方面的规定符合当时中国教育的实际情况。

40. 高考开始正式考试外国语 ★★★

1950 年，《关于高等学校一九五零年度暑期招考新生的规定》出炉，它是新中国第一个具有纲领性的高考招生文件，可以称得上是中国高考"宪法"。文件规定了统一招生考试的时间、考生条件以及加分类别等等。考试的科目为国文、外国语（英语和俄语）、政治常识、数学、中外历史、中外地理、化学。这是英语首次被列入高考科目，不过这时英语可以免试，或者只作为参考分数，并不计入正式分数。

因为各个学校的英语教学水平参差不齐，从1954 年到 1957 年曾暂停考试外国语，1958 年以后虽然恢复了外国语的考试。但是考试成绩并没有作为正式分数，只供录取新生时参考。而到 1961

年时，各高级中学已经普遍开设了外国语课程。所以教育部考虑为了提高高等教育质量和普通中学外国语教学，决定从 1962 年起，在高等学校录取新生时，将外国语考试成绩作为正式分数。由此，1962 年高考时，考试了外国语，并记录为正式分数。

41. 中国音乐学院成立 ★★★

中国音乐学院成立于 1964 年，是根据周恩来总理的提议而建立的。学院是在原中央音乐学院各民族音乐专业、北京市艺术学院音乐系和中国音乐研究所的基础上，从全国选调了一批民族音乐专家共同组建的。校址位于北京市朝阳区，是中国唯一以中国民族音乐教育和研究为主要特色，培养从事民族音乐理论研究、创作、表演和教育，推动民族音乐文化继承和发展的高级专门人才的高等音乐学府。

"文化大革命"期间，中国音乐学院被并入中央五七艺术大学音乐学院。1980 年 5 月，经国务院批准重新恢复建制。

学院坚持开放的办学方针，先后与日本、韩国、美国、法国、德国等数十个国家以及港澳台地区的多所艺术院校及音乐机构友好往来，并建立了长期合作关系。学校校训：仁爱、诚信、博学、精艺。

▲ 中国传统乐器

1966 年 5 月 25 日在康生策划、曹轶欧支持下，北京大学聂元梓等 7 人合写的一张大字报，题为《宋硕、陆平、彭佩云在文化革命中究竟干些什么？》。1966 年 5 月 14 日，康生背着中共中央，派曹轶欧带领中央理论小组调查组，以了解学术批判情况为名来到北京大学。曹轶欧背着北京大学党委找人秘密谈话，煽动反对北京大学党委和中共北京市委。

5 月 25 日下午，在北京大学大饭厅东墙上贴出这张由聂元梓等 7 人签名的大字报。大字报攻击北京市委大学部副部长宋硕、北京大学校长兼党委书记陆平、副书记彭佩云等传达上级提出的关于"加强领导，坚守岗位"，"积极引导"等要求"是压制群众革命，不准群众革命，反对群众革命"，"破坏文化革命"，"是十足的反对党中央、反对毛泽东思想的修正主义路线"。声称要"打破修正主义的种种控制和一切阴谋诡计，坚决、彻底、干净、全部地消灭一切牛鬼蛇神、一切赫鲁晓夫式的反革命的修正主义分子"。

大字报贴出后，遭到北京大学多数师生员工的反对。当晚，周恩来派中共华北局书记李雪峰和国务院外事办副主任张彦到北京大学召开党员

干部会议，传达国务院有关文件，批评聂元梓等人的大字报不应该贴在外面。周恩来指示：大字报可以贴，但北京大学是涉外单位，要内外有别。他还强调，党有党纪，国有国法，要认真遵守。

但是，康生却背着在北京主持工作的刘少奇、周恩来、邓小平等人，把聂元梓等人的大字报的底稿送给了正在外地的毛泽东。毛泽东支持了这张大字报。他在6月1日的批示中表示，"此文可由新华社全文广播，在全国各级报刊上发表，十分必要。北京大学这个反动堡垒从此可以开始打破"。以后，毛泽东又进一步将这张大字报称为"全国第一张马列主义大字报"。

6月1日晚，中央人民广播电台向全国播发了聂元梓等人的大字报。当晚，中共华北局派出的工作组(6月3日改为北京市新市委派出的工作组)进驻北京大学。

6月2日，《人民日报》以《北京大学七同志一张大字报揭穿一个大阴谋》为题，全文刊登这张大字报。同时配发关锋、王力、曹轶欧等起草的评论员文章《欢呼北大的一张大字报》。诬蔑北京大学"是'三家村'黑帮的一个重要据点，是他们反党反社会主义的顽固堡垒"。北京大学的党组织"不是真共产党，而是假共产党，是修正主义的'党'"，"是反党集团"，代表"剥削阶级的利益"。号召全国人民"起来反对他们，把他们打倒，把他们的黑帮、黑组织、黑纪律彻底摧毁"。

这张大字报发表后，北京大学和首都许多高等院校陷入一片混乱，对全国也产生巨大影响。

6月4日，《人民日报》公布了北京市新市委关于撤销北京大学党委书记陆平、副书记彭佩云的一切职务，改组北京大学党委，派工作组领导北京大学的"文化大革命"的决定。同时发表社论，诬指原北京市委在教育方面推行"反党反社会主义路线""培养资产阶级接班人"。

1967年6月1日《人民日报》《红旗》杂志发表的社论《伟大的战略措施》评述说："这是一个伟大的战略措施""点燃了无产阶级文化大革命的熊熊烈火。"从此无产阶级文化大革命群众运动，在全国范围内轰轰烈烈地开展起来。

43. "教育革命"提出 ★★★

教育革命，即革教育的命，即在教育系统内进行无产阶级的革命。1966年5月7日，毛泽东在给林彪的信中提出，全国各行各业都要办成亦工亦农，亦文亦武，学生也应该"以学为主，兼学别样"。"学制要缩短，教育要革命，资产阶级知识分子统治我们学校的现象再也不能继续下去了"。此信简称"五七指示"。"教育革命"口号即从此而出。

以俄为师到自主发展的中国教育之路

1969 年 4 月，我国各高等学校陆续开展"教育革命"，改组学校行政、教学组织，校一级成立政工组、办事组、后勤组，校、系两级成立教育革命领导小组，或教育革命组，拆散原来的基础部和教研室（组），把各门课的教师及学生混合编在专业连队或教育革命小分队，组织师生到厂矿、农村进行"教育革命实践"，有的派出教育革命小分队，有的以校办工厂为基础，举办短训班、试点班等，进行"教育革命探索"。

44. 首都大专院校红卫兵司令部成立 ★★★

1966 年 8 月 27 日，成立了"首都大专院校红卫兵司令部"（即第一司令部，简称"一司"）。9 月 5 日，成立了"首都大专院校红卫兵总部"（即第二司令部，简称"二司"）。"一司"、"二司"是由一些高等院校中的多数派组成的，他们的基本态度是保老干部。9 月 6 日，成立了"首都大专院校红卫兵革命造反总司令部"（即第三司令部，简称"三司"），作为"一司"、"二司"的对立面，"三司"是由高等院校中的少数派组成的，他们的基本态度是造各级党委机关和领导干部的反。

三个司令部之间的斗争非常复杂。由于有中央文革的支持，参加三司的群众组织越来越多，三司在全国的名声越来越大。

首都大专院校红卫兵革命造反司令部成立大会开幕词

敬爱的首长、红卫兵战士们、同志们：

"首都大专院校红卫兵革命造反总司令部"成立大会现在开始！

首先，让我们对参加这个大会的中央首长表示崇高的敬意，对参加这个大会的外地、外单位的革命同志表示最热烈的欢迎！

我们是毛主席的红小兵，最最敬爱的领袖和导师毛主席是我们的最高统帅，我们对党和毛主席无限热爱、无限信仰、无限崇拜，我们要永远高举毛泽东思想伟大红旗，永远做毛主席的好战士、好学生。 我们是天生的叛逆者，我们是革命的好后代！

对帝国主义、修正主义，我们的回答是造反！造反！！再造反！！！对旧势力、旧世界，我们的办法是：捣乱！捣乱！！ 再捣乱！！！

我们的骨头硬得很！因为有党和毛主席给我们撑腰。我们誓做无产阶级革命事业的接班人。我们的眼睛亮得很，因为我们用战无不胜的毛泽东思想做显微镜和望远镜，就能照出一切毒草、谬论、牛鬼蛇神。我们的决心大得很，因为有"十六条"做我们行动的指南，我们一定能把无产阶级文化大革命进行到底！

要革命就不能搞折衷调和。一句话，要坚持斗争，彻底革命！为了捍卫毛泽东思想，就是剩

下一个人，也要坚持战斗到底。有人说，我们是"死心眼"，他说对了，为捍卫毛泽东思想，为真理，为革命，我们的心眼死也不变！就是上刀山，下火海，也心甘情愿！

目前，革命队伍中存在着的两种思想、两条路线的斗争表现得很尖锐。有些人口里高喊"造反"，行动上却是"保"字当头，就是不敢摸老虎屁股！这不是一个小问题，这是要不要革命，敢不敢造反，关系到中国出不出修正主义的大问题。任何折衷调和都不能解决这个问题。只有通过大辩论，彻底肃清工作队的流毒，大破一切修正主义的框框，大立毛泽东思想，才能得到真正解决。

参加我们这个革命造反总司令部的各单位红卫兵组织的力量目前还是较弱的，人数还是较少的。但是任何一个新生事物都有一个由小到大、由弱到强的发展过程，我们深信，我们的大方向是对头的。只要我们能永远站在党的立场上，永远高举毛泽东思想的伟大红旗，我们就能克服重重困难，就一定能完成党中央和毛主席交给我们的伟大的无产阶级文化大革命的历史使命！

我们都是"敢"字当头的闯将，天不怕，地不怕，神不怕，鬼不怕，谁要反对毛泽东思想，我们就坚决和他拼到底！　今天，我们这些胆大包天的"混蛋"联合起来，组成了第三个全市性的红卫兵组织，我们愿意同其他革命的红卫兵组织在毛泽东思想的基础上，联合起来，团结起来，共同打击敌人，为彻底完成一斗、二批、三改的伟大任务而奋斗！　无产阶级文化大革命万岁！革命的造反精神万岁！　伟大的中国共产党万岁！

战无不胜的毛泽东思想万岁！

伟大的导师、伟大的领袖、伟大的统帅、伟大的舵手毛主席万岁！万岁！！万万岁！！！

首都大专院校红卫兵革命造反总司令部成立大会

一九六六年九月六日

45. 全国学生开始大串联 ★★★

大串联也叫大串连，是在全国各地参观、交流"文化大革命"经验的一种做法。其最初是到北京大学取经的运动。1966 年，聂元梓大字报向全国播出后，受到压抑的外地各大专院校和中学造反者奔赴北京大学取经，到"中央文革接待站"告状、求援。毛泽东于 1966 年 8 月 18 日、8 月 31 日、9 月 15 日、10 月 1 日、10 月 18 日、11 月 3 日、11 月 10 日和 11 月 26 日共 8 次，在天安门城楼和天安门广场检阅、接见来京串连的红卫兵、学生和教师，人数总计达 1100 多万人。

1966 年 9 月 5 日。中共中央、国务院发出通知，规定来京的师生"一律免费乘坐火车""生活

补助费和交通费由国家财政开支"。于是，外地大专院校和中学师生纷纷奔向北京；而北京的学生则纷纷奔赴外地。这样就开始了全国学生大串联。

全国学生大串连，由于人数众多，以亿万计，从而造成了全国停学、停产，铁路拥挤，交通堵塞，社会秩序混乱。可以说，大串联不仅造成了巨大的浪费，给国家经济造成了很大的开支，还浪费了学子们的学习光阴。

1967 年 3 月 19 日，中央发出关于停止全国大串联的通知，决定取消原定的春暖后进行大串连的计划。9 月 28 日，各地、各部门、各单位设立的联络机构全部撤销。就此，全国大串连基本停止。

46. 停止招收研究生和选派留学生 ★★★

1966 年 6 月 27 日高等教育部发出通知，因开展"文化大革命"运动，1966 年和 1967 年研究生招生工作暂停；6 月 30 日，又发出通知，选拔、派遣留学生工作推迟半年进行。7 月 2 日，高等教育部向中国驻外使馆发出通知，推迟来华留学生工作半年或一年。事实上，由于"文化大革命"的影响，我国派遣留学生的工作中止了约 6 年；招收研究生的工作到"文化大革命"结束后才逐渐恢复，中止了约 12 年。

47. 停止招收来华留学生 ★★★

　　1966 年 7 月 2 日，高等教育部向我国驻外使馆发出通知，因为目前全国正开展"文化大革命"，将接受来华留学生工作推迟半年或一年以后进行。而实际上，自此，我国停招来华留学生达 7 年之久。

　　不但不再接收来华留学生，对于国内原有的外国留学生也实行了促其回国的做法。同年 9 月 19 日，高等教育部给各国驻华使馆的《备忘录》里提出："从现在起，在华外国留学生（包括大学生、研究生、进修生）回国休学一年，回国的往返旅费由我国负担。这些留学生返华学习的具体时间，届时将另行通知。"这批留学生回国后，未再来我国学习。这样，自此时起，7 年内，中国内陆实际上已经无来华的外国留学生。

48. 取消高考 ★★★

　　1966 年 6 月 13 日，中共中央、国务院发出通知，认为现行高考制度"基本上没有跳出资产阶级考试制度的框框，不利于执行党中央和毛主席提出的教育方针，不利于更多吸收工农兵革命青年进入高等学校。这种考试制度，必须彻底改革"。并决定 1966 年的高校招生推迟半年进行。

7月2日，中共中央、国务院再次发出通知，进一步提出"取消考试，采取推荐与考试相结合的办法；必须坚持政治第一的原则，贯彻执行党的阶级路线。"

但事实是，全国高校的招生不是推迟了半年，而是整整6年。

推荐上大学是在特定年代实行的一种进入大学学习的方法，它包括推荐和选拔（也有形式的考试）结合、纯粹推荐两种形式。与今天通过高考上大学迥然不同。

1966年7月24日，我国将高等学校招生工作下放到省、市、自治区办理。省、市、自治区招生分配计划由国家计委、教育部联合下达。高等学校取消招生考试，采取推荐与选拔相结合的办法。这就是推荐上大学的开始。

49. 号召"复课闹革命" ★★★

　　1966 年"文化大革命"开始后，全国各地中小学停课，9 月，各地大串联出现高潮，完全打乱了正常的教学秩序，1967 年 3 月，中共中央发出通知，要求停止一切串联，全部返校。

　　通知发布后，自 11 月起，全国大部分中小学生陆续回到课堂，新生也开始入学。这就是所谓"复课闹革命"。但由于夺权斗争的开展和林彪、江青一伙的阻挠，并未真正实现"复课闹革命"和"大联合"。

50. "五七干校"创办 ★★★

　　"文化大革命"期间，以贯彻毛泽东"五七指示"和接受贫下中农再教育为名，将党政机关干部、科技人员和大专院校教师等类人员下放到农村，进行劳动。1966 年 5 月 7 日毛泽东在给林彪的信中提出各行各业都应该以业为主，兼学别样，从事农副业生产，批判资产阶级。1968 年 5 月 8 日，"五七指示"发表 2 周年时黑龙江省革命委员会组织大批机关干部下放劳动，在庆安县的柳河办了一所农场，定名"五七干校"。

　　10 月 5 日，《人民日报》以《柳河五七干校为

以俄为师到自主发展的中国教育之路

机关革命化提供了新的经验》为题，发表了编者按语，按语还发表了毛泽东关于"广大干部下放劳动，这对干部是一种重新学习的极好机会，除老弱病残者外都应这样做，在职干部也应分批下放劳动"的指示。此后，全国各地相继办起"五七干校"，把原党政机关、高等院校的绝大部分干部和教师，送到"五七干校"劳动、学习。

"五七干校"是根据毛泽东 1966 年 5 月 7 日要求全国各行各业都要办成一个大学校的指示而命名的。但大办"五七干校"，并没有达到精简机构和干部革命化的目的，在许多部门和单位，反而变成迫害干部，惩罚知识分子的一种手段。党的十一届三中全会以后，全国各地都先后停办了"五七干校"。

51. "工宣队"进学校 ★★★

"文化大革命"开始后，各地武斗日益严重，妨碍正常社会秩序和经济生产的恢复。为此，政府发布命令，解散武斗队。同时，毛泽东决定向武斗严重的高校及中学派驻工宣队，以从源头上制止武斗。

"工宣队"，全称为"工人毛泽东思想宣传队"或"工农毛泽东思想宣传队"。1968 年 7 月 27 日，北京市 60 多个工厂 3 万多名工人组成"首都工农毛泽东思想宣传队"，进驻了包括清华大学在内的北京各大专院校，接管学校的领导权。这标志着"工宣队"进驻学校的开始。

8月13日，毛泽东接见"工宣队"代表。8月25日，中共中央、国务院、中央军委、中央"文革"联合发出《关于派工人宣传队进驻学校的通知》，该通知说，"中央认为，整顿教育，时机已到，决定向全国大中城市的大、中、小学派出'工人毛泽东思想宣传队'，领导全国教育界的文革"。到1968年底，全国大中城市的学校或教育部门都进驻了"工宣队"。

1977年11月6日。中共中央转发教育部党组《关于工宣队问题的请示报告》，批准"工宣队"撤出学校。"工宣队"从此退出历史舞台。

52. "七二一"工人大学创办 ★★★

1968年7月21日，毛泽东主席在《人民日报》关于《从上海机床厂看培训工程技术人员道路》的编者按清样中加写了一段话："大学还是要办的，我这里主要说的是理工科大学还要办，但学制要缩短，教育要革命，要无产阶级政治挂帅，走上海机床厂从工人中培养技术人员的道路。要从有经验的工人农民中间选拔学生，到学校学几年以后，又回到生产实践中去。"这段话通过广播

公布，后来称之为"七二一指示"。

1968年9月，上海机床厂为贯彻毛主席的"七二一指示"，创办了"七二一"工人大学。该校根据本厂需要，设磨床专业。经车间推荐，厂"革委会"批准，招收本厂工人52人入学。学生平均年龄29岁，文化程度从小学到相当于高中程度不等，学制2年。课程包括毛泽东思想、劳动、军体、专业课等几类。学校自己编写教材，自选教师，结合本厂的产品和科研课题，按生产顺序分阶段进行教学。学生学习期间全脱产，定期回车间劳动。

在此之后，全国各地相继创办了这类学校。据统计，1972年，全国有这类大学68所，学生4000人，至1976年7月，全国有这类学校33374所，在校学生人数达148.5万人。

粉碎"四人帮"以后，一部分学校自行停办。1979年9月，教育部召开全国职工教育工作会议后，全国各地的"七二一工人大学"改名为职工大学或职工业余大学。

53. "侯王建议" ⭐★★★

1968年11月14日，《人民日报》发表了山东省嘉祥县马集公社马集小学教师侯振民（公社教育组长）、王庆余（公社教育组成员）的一封信，该信"建议所有（农村）公办小学下放到大队来办，国家不再投资或少投资小学教育经费，教师国家不再发工资，改为大队记工分"，"教师都回本大队工作"。这个建议简称为"侯王建议"。在它的影响下，许多地区的农村公办小学和教师被下放。这一事件严重地影响了农村小学教育的发展。

54. "两个估计"出台 ★★★★

1971 年 4 月 15 日至 7 月 31 日，全国教育工作会议在北京举行。在会议通过并经毛泽东同意的《全国教育工作会议纪要》中，提出了所谓"两个估计"，即：解放后 17 年"毛主席的无产阶级教育路线基本上没有得到贯彻执行""资产阶级专了无产阶级的政"；大多数教师和解放后培养的大批学生的"世界观基本上是资产阶级的"。从这"两个估计"出发，会议确定和重申了一整套政策，包括"工宣队"长期领导学校；让大多数知识分子到工农兵中接受再教育；选拔工农兵上大学、管大学、改造大学；缩短大学学制，将多数高等院校交由地方领导等等。这次会议作出的"两个估计"和提出的许多"左"的政策，使广大知识分子长期受到严重压抑。

"两个估计"是"四人帮"炮制的错误论调，他们抹黑"文化大革命"前 17 年的教育事业，把

广大知识分子打成"臭老九"，为他们推行极"左"路线，篡党夺权制造舆论。在这个错误决定的指导下，科技教育界知识分子受到了很大的迫害，中国的教育事业也受到了重击。

1977年9月19日，邓小平指出"两个估计"是不符合实际的；11月18日《人民日报》发表了《教育战线的一场大辩论——批判"四人帮"炮制的"两个估计"》。

55. 中国恢复在联合国教科文组织中的工作 ★★★

1971年10月29日，联合国教育科学文化组织执行局通过《恢复中华人民共和国合法权利的决议》。1972年10月17日到11月8日，我国派出以驻法大使黄镇为团长、清华大学革命委员会副主任张维为副团长的代表团。出席联合国教科文组织第17届大会。这是新中国成立后第一次派代表团出席联合国教科文组织的会议。黄镇团长在会议上发言，宣布开始参加联合国教科文组织的工作。1979年2月19日，中华人民共和国联合国教科文组织全国委员会正式成立并召开了第一次会议。

第一次委员会议讨论了如何加强我国同联合国教科文组织合作的问题，认为全国委员会应积极参加联合国教科文组织在教育、科学、文化和交流领域的活动以及区域性的活动。

联合国教育、科学及文化组织 (United Nations Educational, Scientific and Cultural Organization——UNESCO) 属联合国专门机构，简称联合国教科文组织。

联合国教科文组织成立于 1946 年，总部设在法国巴黎。其宗旨是通过教育、科学和文化促进各国合作，增加人民之间的相互了解，维护世界和平。

1945 年二战结束后，近 40 个国家的代表在伦敦举行会议，决定成立一个以建设和平文化为宗旨的组织。同年 11 月 16 日，这些国家签署《联合国教育、科学及文化组织组织法》。

联合国教科文组织是各国政府间讨论关于教育、科学和文化问题的国际组织，其主要机构有大会、执行局和秘书处。大会为该组织最高权力机构，每两年开会一次，决定该组织的政策、计划和预算。执行局为大会闭幕期间的管理和监督机构；秘书处负责执行日常工作，由执行局建议，经大会任命总干事领导秘书处的工作。

56. "开门办学" ★★★

开门，敞开门，多用其比喻义，指接触外界或

到外界去。"开门办学"是"文革"年代教育的口头禅，也是办学的指导思想，指离开学校到社会实践中搞教学。这话也许源于毛主席的指示，毛主席曾说：学生"要学工、学农、学军，也要批判资产阶级"。

1972年至1976年，全国开始进行开门办学。学校纷纷取消了课堂上基础知识、基本理论的传授和基本技能的训练，将学习建立在实践上，开始"以干代学"。通俗来说，就是领导学生、知识分子来到田间地头、农场矿场进行劳动学习。

在这场教育的大运动中，"四人帮"趁虚而入，他们以"开门办学"为名，要学生把十分之一的精力放在同走资派的斗争上。

57. 张铁生"白卷"事件 ★★★

1973年6月下旬，辽宁省兴城县白塔公社下乡知识青年、生产队长张铁生参加了辽宁省高等学校入学文化考查。由于准备不充分，几乎交了白卷（语文得38分，理化得6分），他自知录取无望，便在试卷背后写了一封信，为自己考试成绩的低劣辩护，并对"书呆子们"表示了"不服气"和"极大的反感"。信中说，"我所理想和要求的，希望各级领导在这次入考学生之中，能对我这个小队长加以考虑为盼。"时任中共辽宁省委书记的毛远新得知此事后，将他的信加以修改，在 7 月19 日的《辽宁日报》上发表，并加了编者按。接着，《人民日报》等主要报刊都在显著位置予以转载。9 月 10 日，《人民日报》又以《敢于斗争的年轻人》为题，表彰了他的事迹。随后，各地报刊加以转载。《文汇报》在转载的同时还发起了"选什么样的人上大学"的讨论。《红旗》杂志、《教育革命通讯》以此为引导，围绕高校招生的文化考查发表了文章和评论。有文章说：进行文化考查是"旧高考制度的复辟，是对教育革命的反动"，是"资产阶级向无产阶级反扑"。与此同时，张铁生成了"反潮流的英雄"，进入大学，加入中国共产党，担任铁岭农学院的领导，四届人大常委会委员。江青也吹捧他"真了不起，是个英雄"。张铁生遂由一位下乡知青中不起眼的小人物，一跃而成为全国家喻户晓的"白卷英雄"。

其实所谓"白卷英雄"完全是"四人帮"蓄意炮制的一个反革命政治骗局，是为他们篡党夺权的阴谋政治服务的。

1976 年 10 月，"四人帮"反党集团被粉碎。1983 年 3 月，张铁生因追随江青反革命集团，以推翻人民民主专政为目的，进行一系列反革命宣传煽动活动，并在"四人帮"被粉碎前后策动武装暴乱等罪行，被辽宁省锦州市中级人民法院判处有期徒刑 15 年。

58. 恢复接受来华留学生 ★★★

1973 年 7 月 19 日，国务院科教组转发经国务院批准的《关于 1973 年接受来华留学生若干问题的请示报告》。《报告》指出：从本年起恢复接受外国留学生，并对一部分留学生提供奖学金。留学生限于进入中国高等学校学习的大学生、选修学生和进修生。留学生来华后，一般先学习一年左右汉语，然后视其汉语能力，转入专业学习。《报告》重申了对留学生的管理教育方针：政治上积极影响，不强加于人；学习上严格要求，认真帮助；生活上严格管理，适当照顾。本年度共接受来华留学生 383 人，这是自"文化大革命"以来首批接受来华的外国留学生。1972 年，我国也恢复了外派留学生。首批派出留学生 20 人赴法国学习，16 人赴英国学习。

59. 黄帅事件 ★★★

1973 年 12 月 12 日，《北京日报》发表了《一个小学生的来信和日记摘抄》，12 月 28 日，《人民日报》给予转载。此后，各地报刊、电台广为传播，成为轰动一时的"反潮流"事件。

事件的当事人是北京市海淀区中关村第一小学五年级学生黄帅，当时年仅12岁。黄帅在给北京日报社的信中写道：

九月，听到红卫兵节目报道的兰州十四中学红卫兵帮助老师的事迹，受到启发，随后我给老师写了三篇日记提意见。顿时，师生的关系紧张起来，老师批判我"拆老师的台""打击老师威信""恶意攻击老师"。我认为，老师是"压制民主"，"打击报复"。这星期班上可热闹了，老师上课的主要任务就是鼓动同学训斥我，我去上课就是准备挨整。老师拍桌瞪眼在班里说："直到现在，我还是公开号召同学们和黄帅划清界限"，"跟黄帅一起跑的人立场站错了"。班里还出了板报，点名批判我的日记。平时每日换一期，这篇板报老师宣布登一星期。最近，班里同学在老师的率领下，不断对我嘲笑讽刺，大轰大嗡地进行围攻，甚至个别同学提出把我"批倒批臭"的口号。

我是红小兵，热爱党和毛主席，只不过把自己的心里话写在日记中。也表示了日记中是有缺点的，如个别用词不当影响了老师的尊严，可不足以让老师两个月来一直抓住下放。最近许多天，我吃不下饭，晚上做梦惊哭，但是，我没有被压服，一次又一次地提出意见。

究竟我犯了啥严重错误？难道还要我们毛泽东时代的青少年再做旧教育制度"师道尊严"奴役

下的奴隶吗？

这些材料先是登在《北京日报》的一个内部刊物上。国务院科教组负责人迟群、谢静宜见到后，接见了黄帅。谢静宜指令《北京日报》加编者按公开发表。《北京日报》编者按语说："这个12岁的小学生以反潮流的革命精神，提出了教育革命中的一个大问题，就是在教育战线流毒还远远没有肃清，旧的传统观念还是很顽固的。黄帅提出的主要涉及的是'师道尊严'，但在教育战线上的修正主义路线的流毒远不止于此"，"要警惕修正主义的回潮"。随后，各地报刊、电台广为宣传。国务院科教组通知各省、市、自治区教育局，组织学校师生学习这些材料。

从此，全国各地的中小学迅速掀起一股"破师道尊严""横扫资产阶级复辟势力""批判修正主义教育路线回潮"的浪潮。在这种情况下，学校的正常的教学秩序被打乱，许多教师被迫作检查、受批判。一些学校的桌椅、门窗被损坏。

1978年5月21日，《人民日报》发表了记者的文章：《揭穿一个政治骗局——<一个小学生的来信和日记摘抄>真相》。文章指出："调查结果证明，所谓《一个小学生的来信和日记摘抄》，完全是适应'四人帮'篡党夺权的反革命政治需要，蓄意编造出来的，是一个政治骗局。"

1973 年 7 月 10 日，河南省南阳地区唐河县马振扶公社中学初二 (1) 班举行英语考试。女学生张玉勤交了白卷，并在考卷背面写着："我是中国人，何必要学外语。不会 ABCD，还能当接班人。接好革命班，埋葬帝修反。"为此，张玉勤受到了班主任的批评。张玉勤当天离校后投水库自杀身亡。公社、县有关部门和学校作了妥善处理。

事隔 5 个月之后，江青在一份内部简报上看到此事，立即抓住大做文章。他派迟群和谢静宜带人去重新调查，写出诬陷马振扶公社中学是"法西斯专政"，"扼杀无产阶级教育革命的新生事物"，"向无产阶级猖狂反攻倒算"的报告，说张玉勤是被"修正主义教育路线逼死的"。江青还在一次会上又哭又闹，说要为"活活逼死了"的女孩子控诉，迫使当地政府重新审理此案。结果马振扶公社中学负责人和张玉勤的班主任被逮捕判刑。原负责处理此事的公社党委副书记和县公安局干部也遭受多次残酷批斗。不少地区都抓本地的所谓"马振扶事件"，导致很多中小学和大量教师被强加了"复辟修正主义教育路线"的罪名，遭到批斗和迫害。

1979 年 3 月 19 日，中共中央批转教育部党组

以俄为师到自主发展的中国教育之路

的报告才决定撤销《关于河南省唐河县马振扶公社中学的情况简报》的文件。那些遭到批斗和迫害的人才得以平反昭雪。

61. 中央五七艺术大学成立 ★★★

1973年8月13日，国务院批准将中央直属九所艺术院校合并，改称为中央五七艺术大学，下设三院三校，即音乐学院、戏剧学院、美术学院和戏曲学校、舞蹈学校、电影学校。中央五七艺术大学于11月成立。江青为名誉校长，于会泳、浩亮、刘庆棠、王曼恬任副校长。周恩来为了保存文艺队伍，批示将中央歌舞团、东方歌舞团和中央民族乐团合并为中国歌舞团，下设东方歌舞队，并对组建中国话剧团、中国歌剧团作了指示。

1977年12月15日，中央五七艺术大学撤销，中央音乐学院、中央戏剧学院、中央美术学院、北京电影学院、北京舞蹈学校、中央戏剧学校，得以复校。

62. 学生考教授 ★★★

1973年12月30日，国务院科教组、北京市科教组召开会议，决定对教授"突然袭击"，进行考试。上午开完会，就组织人在清华出题，下午就带着考卷同时到 17 所院校去考教授。他们以开座谈会的名义把教授们骗到考场，突然宣布进行考试，发下数理化考题，强迫这些多年来从事文史哲、外语、体育、艺术、医学、生物等专业研究的教授当场答卷。

北京市参加考试的正、副教授共 613 名，及格者 53 名，不及格的有 590 人。在这些不及格的教授中，共有 200 个是交白卷的，很大一部分人都是拒绝作答。还有很多教授识破了极左派的用心，没有作答，而是如张铁生那般，当场在考卷上写下自己的看法，指出反对招生文化考查是"不要知识"的，"对于将来人类科学进步上是有阻碍的"，如此下去，中国"将被世界上其他各国远远地抛在后面"。

另外，还有许多老教授在遇到此后层出不穷的学生诘难时，也用自己的方式捍卫尊严。把所有学生问的专业问题都回答出来，让学生服气他们作为老师的资格。例如陈中凡、冯沅君等就是这么做的。

但即使再怎么铁骨铮铮，这种巨大的屈辱让教授们仍然感到难以承受。这种学生考教授的荒诞事情，极大破坏了几千年来中国人尊师重教的传统。

63. 钟志民主动退学事件 ★★★

1974 年，钟志民主动退学，这件事情在全国引起了很大的反响。

钟志民，1953 年生于一个长征老革命、军队高级干部家庭。1968 年他在南昌二中初中毕业，即响应号召去江西老区瑞金沙洲坝农村插队劳动。但他在农村只劳动了 3 个月，于 1969 年初占用一个社员的征兵指标参了军。在当了 3 年兵之后，凭借父亲的关系，于 1972 年 4 月被"推荐"到南京大学政治系哲学专业学习。在大学的一年半学习中，钟志民对自己上大学一事产生了新的认识，他自我解剖说，自己没经群众推荐、招生选拔等合法程序而由父亲给军区干部科打电话指名调选上大学。在列举此事的种种不良影响后，他恳切提出改正错误、退回部队。

1974 年 1 月 18 日《人民日报》头版头条刊出钟志民的退学申请报告。并言：钟志民"自觉批判了自己'走后门'上大学的错误，从而反映了工农兵学员向地主资产阶级意识形态展开了新的进攻"，"请各地教育部门组织高等学校干部和师生认真学习"。此后，一些高等学校纷纷揭发追查"走后门"上大学的不正之风。一批老干部因此遭受到了打击。

1974 年 2 月 15 日，毛泽东批示："开后门来的也有好人，从前门来的也有坏人。"2 月 20 日，中央根据毛泽东的批示发出通知：对批林批孔运动中不少单位提出的领导干部"走后门"送子女参军、入学等问题，应进行调查研究，确定政策，妥善解决。

64. 中国社会科学院成立 ★★★

1977 年 5 月 7 日，中国社会科学院在北京成立。

中国社会科学院是中国哲学社会科学综合研究中心。它的前身是中国科学院哲学社会科学部。它设有哲学、经济、世界经济、文学、外国文学、语言、历史、近代史、世界史、考古、法学、民族、世界宗教、哲学社会科学情报等研究所。

从 1978 年开始，中国社会科学院面向全国招收研究生，培养哲学社会科学方面的高层次的研究人才。胡乔木、马洪、胡绳先后就任中国社会科学院院长。

65. 恢复大学高考制 ★★★

1977 年的冬季，注定要载入历史。中国改革开放总设计师邓小平，打开了尘封 10 年之久的高考大门。一时间，工人、农民、上山下乡和回城

$$\sin A = + \frac{2}{6c} \, P(p-a)(p-b)($$

$$\cos \frac{A}{2} = + \sqrt{\frac{P(p-a)}{6c}}$$

$$tg \frac{A}{2} = + \sqrt{\frac{(p-6)(p-c)}{P(p-a)}}$$

$$\sin \frac{A}{2} = + \sqrt{\frac{(p-6)(p-c)}{6c}}$$

$$\frac{6+c}{6-c} = \frac{tg \frac{B+C}{2}}{tg \frac{B-C}{2}}$$

$$(6+c)\sin \frac{A}{2} = a \cos \frac{B-c}{2}$$

▲ 试题

的知识青年们，无不欢欣鼓舞，他们为了各自的梦想走进考场。

于是，1977年冬和1978年夏，中国迎来了一场历史上规模最大的考试，报考总人数达到1160万人。大浪淘沙，最后只录取了40.1万多名大学生，是参考人数的1/29。后来，77与78两级学生一同走进大学课堂，成为我国高考史上的唯一特例。

高考制度的恢复，不仅改变了几代人的命运，也使中国的人才培养重新步入了健康发展的轨道，为我国在新时期及其后的发展和腾飞奠定了良好的基础。据了解，恢复高考后的二十多年里，中国已经有1000多万名普通高校的本专科毕业生和近60万名研究生陆续走上工作岗位。

"那是一个国家和时代的拐点。"厦门大学教授刘海峰，曾经的77级考生在他的著作《中国考试发展史》中这么总结。

1977 年 8 月 13 日开始，教育部根据邓小平的指示，召开了第二次全国高等学校招生工作会议，由于各方意见不统一，头绪太多，会议创造了一项开会时间最长的纪录——历时 44 天。邓小平在 9 月提出了他的招生标准："招生主要抓两条：第一是本人表现好，第二是择优录取。"最后，马拉松会议终于在 10 月初得出一个可行性方案，这就是《关于 1977 年高等学校招生工作的意见》。

按照这个《意见》，招生对象为：凡是工人、农民、上山下乡和回乡知识青年、复员军人、干部和应届高中毕业生，年龄 20 岁左右，不超过 25 周岁，未婚。对实践经验比较丰富，并钻研出成绩或确有专长的，年龄可放宽到 30 周岁，婚否不限。

由于当时各地还在沿用 1966 年下达的办法，采取各地自行招生，因此，1977 年的高考还是由各省自行命题，沿用文革前文理分科的办法，文理两类都考政治、语文、数学，文科加考史地，理科加考理化。考虑到实际情况，有些考题相当简单，尤其是数学。

66. 人民助学金制度 ★★★

人民助学金制度，是人民政府对正在大学、中专学习的学生给予部分或全部生活费用的方式帮助

学生解决生活上的困难，保证学生从事正常学习和生活的制度。

刚建国的时候，大家普遍生活困难。一般人很难负担在学校学习时的生活伙食费。这就导致很多适龄青少年虽然有心上学，但因为生活所迫不能进入学校，或者即使入校读书也还要把大部分精力放到帮助家庭干活上，影响学习。为此我国开始实行人民助学金制度。

1950年，各地人民政府根据本地区的具体情况，即自行制订了一些高等学校和中等专业学校助学金临时性办法和开支标准。

1952年7月8日，国务院发出《关于调整全国高等学校及中等专业学校学生人民助学金的通知》。《通知中》规定：高等师范院校学生全部享受人民助学金。其中本科学生每人每月14元，专科学生每人每月16元，其他高等学校学生亦全部享受人民助学金，每人每月12元，干部升入高等学校者，每人每月32元；中等专业学校学生也全部享受助学金。

"文化大革命"之后，为了适应新形势的需要，教育部、财政部和国家劳动总局在认真总结经验的基础上，于1977年12月17日制订并颁发了《关于普通高等学校、中等专业学校和技工学校实行人民助学金制度的办法》，其主要内容是：(1)国家职工被录取为研究生和工龄满5年的国家职工考入普通高等学校、中等专业学校和技工学校的，在校学习期间，工资由原单位照发，一切费用自理；如研究生的原工资低于人民助学金标准，由学校补发差额；应届大学毕业生和其他人员被录取为研究生的，全部享受人民助学金。(2)高等师范、体育（含体育专业）和民族学院的学生，以及中等专业学校中的师范、护士、助产、艺术、体育和采煤等专业的全部学生享受人民助学金；其他学生的人民助学金享受面按75%计算。

1987年7月31日，国家教育委员会、财政部发布了《普通高等学校本、专科学生实行奖学金制度的办法》和《普通高等学校本、专科学生实行贷款制度的办法》。从此，人民助学金制度改为奖学金制度和学生贷款制度，这也是教育体制改革的内容之一。

67. 我国第一所研究生院 ★★★

1977年10月19日。中国科技大学受中国科学院委托创办的研究生院在北京成立，这是我国第一所研究生院，院长为严济慈。

该研究生院当时设有数学、物理、化学、天文、地学、生物学、无线电技术、计算机工程、空间技术、环境科学及科学组织管理等专业。学习期限为3年。招生对象当时规定为优秀大学毕

业生和学业成绩特别突出的在校大学生，以及具有较强科研能力或有发明创造。适于进一步培养提高的优秀工人、贫下中农、知识青年、在职科技人员、青年教师和从事其他工作的人。

68. "少年班" 成立 ★★★

1978 年 3 月，中国第一个少年班在中国科技大学创办。21 位"神童"少年组成了中国教育史上第一个少年大学生群体，开创了我国高校超常教育的先河。

这是一种创举。在中国教育界，从来没有哪个

▼ 少年班的学生正在学习地理知识

班级像科大少年班这样饱受争议。

"在当时的历史条件下，这无疑是石破天惊。这种模式不仅在中国是独创，在世界上也极为罕见。"科大少年班的创始人之一，已退休的科大前副校长辛厚文说。

但是，"少年班"的建立也取得了很大的成功，很多优秀而年轻的人才都在这里被培育出来。到1991年为止，"少年班"共招收学生494人，毕业的学生中有72%考取了国内外研究生，出国攻读博士学位的有150多人，在中国教育史上创下了一连串的最新纪录：最年轻的大学生当时11岁；最年轻的研究生当时15岁；最年轻的出国研究生当时16岁；最年轻的大学教师当时19岁；最年轻的"洋博士"当时23岁；最年轻的副教授当时26岁……这些都是培养人才的宝贵经验。

69. "学分制"的实行 ★★★

学分制是一种以学分为计量单位，衡量学生学业完成状况的教学管理制度。

1978年3月，在全国科学大会上，当时任国务院副总理的方毅第一次正式提出："有条件的高等学校要实行学分制。"当年，教育部也提出高校可以试行学分制。为了响应国家的号召，清华大学、上海交通大学、浙江大学、北京航空学院、

武汉大学、南京大学、暨南大学和南开大学等开始进行以试行学分制为重点的教学管理改革。从承认学生知识、能力、素质的差异出发，针对过去学年制教学过分统一化和凝固化等弊端，开始重视拓宽学生的知识面，注意发挥学生的主动性和创造性，注意培养学生能力，增加了选修课。

80 年代后，学分制的试行范围扩大了，从少量重点大学试验扩大到非重点大学；从少数地区扩大到全国各地；从多科性高校扩大到其他类别的学校。但由于受社会经济及政治发展等因素的制约，80 年代末学分制的发展势头受到一定的挫折。 直到 90 年代以来，为了适应社会主义市场经济体制和科学技术迅速发展，对高校人才培养的新要求，高校中再现学分制的"高潮"。例如：上海交通大学、清华大学、北京大学等开始推行学分制。截止到 1996 年底，全国近 1/3 的高校已实行了学分制。

目前，以学分制为主题的教学管理体制深化改革正如火如荼地进行。

70. 全日制十年制中小学教学计划

1977 年 8 月，教育部召开 11 个省、市教育局长和有关人员参加的中小学教学计划座谈会，起草了全日制十年制中小学教学计划，听取了各省、市、自治区教育部门的意见以后，作了适当修改。1978 年 1 月 18 日教育部正式颁发《全日制十年制中小学教学计划试行草案》，并发出了通知。通知规定：《教学计划》应从小学和初中一年级起试行，其余年级采取适当步骤，逐步过渡。并提出了应有计划地使一部分具备条件的学校逐步过渡为全日制十年制学校。《教学计划》规定：全日制中小学学制为 10 年，中学 5 年，小学 5 年。中学按初中 3 年，高中 2 年分段。统一秋季招生。有条件的地区可逐步实行小学 6 周岁半或 6 周岁入学。小学设 8 门课程，中学设 14 门课程。10 年教学总时数为 9160 学时。

除此以外，《教学计划》还对各年级政治课和

▼ 上课积极举手发言的小学生

以俄为师到自主发展的中国教育之路

文化课时间，学工、学农、学军等"兼学"的时间作出规定。提出一部分学校可以办成半工半读的"五七学校"和农业中学。九年制学校、农业中学等的教学计划由各省、市、自治区自订。

71. 评选"特级教师"

特级教师是中小学和幼儿园优秀教师的荣誉称号。为贯彻落实中共中央关于提高人民教师的政治地位和社会地位。对于优秀的教育工作者，应当大力予以表扬和奖励，对于特别优秀的教师，可以定为特级教师的指示，1978 年 12 月 17 日，

▼ 小学老师辅导学生用电脑

教育部国家计划委员会经国务院批准，联合发布了《关于评选特级教师的暂行规定》，1993 年 6 月 10 日中国国家教委、人事部、财政部颁布。

这个规定适用于普通中学、小学、幼儿园、师范学校、盲聋哑学校、教师进修学校、职业中学、教学研究机构、校外教育机构的教师。对于评选教师的要求有：

①坚持党的基本路线，热爱社会主义祖国，忠诚人民的教育事业；认真贯彻执行教育方针；一贯模范履行教师职责，教书育人，为人师表。

②具有中小学高级教师职务。对所教学科具有系统的、坚实的理论知识和丰富的教学经验；精通业务、严谨治学，教育教学效果特别显著。或者在学生思想政治教育和班主任工作方面有突出的专长和丰富的经验，并取得显著成绩；在教育教学改革中富于创新或在教学法研究、教材建设中成绩卓著。在当地教育界有声望。

③在培训提高教师的思想政治、文化业务水平和教育教学能力方面做出显著贡献。规定各省、自治区、直辖市在职特级教师总数一般控制在中小学教师总数的 1.5‰以内。

72. 中国教育学会成立 ★★★

1979 年 4 月 12 日，中国教育学会成立。杨秀

峰、成仿吾、陈鹤琴为中国教育学会首届名誉会长，董纯才为会长，张健等 8 人为副会长。

在中国教育学会成立的大会上，通过了《中国教育学会章程 (草案)》。《中国教育学会章程 (草案)》确定了中国教育学会的性质、任务等。

中国教育学会的基本任务是：组织会员深刻领会和掌握马列主义教育学说和毛泽东教育思想；不断深入调查和研究教育战线的现状和问题，定期开展各种国内、国际学术交流活动，总结建国以来教育战线上的经验教训，探索教育规律，为领导决策咨询提供建议和报告；举办各种学术活动，促进学术交流，并大力普及教育科学知识；研究外国教育经验，介绍外国教育动态及现代化教育手段。

1978 年初起，各省、市、自治区陆续成立或恢复教育学会。同年，一些全国性教育科学专业 (学科) 研究会、学会相继成立，如中国教育学研究会、马克思主义教育思想研究会、中国少年先锋队工作学会、外国教育研究会、幼儿教育研究会、中学语文教学研究会、教育史研究会。各地还相继建立了一些专业研究会或研究组。全国教育学、教育史、幼儿教育等研究会都举行了第一届学术年会。

　　高职教育即是高等职业教育，它是培养职业性和应用性人才的一种特定的教育。职业性和应用性人才是经济发展中的基础性人才的组成部分。

　　1980 年，天津职业大学创办，这是 1949 年后在中国大陆出现的第一所师范院校之外的高职院校，具有划时代的意义。

　　此后，1985 年，颁布了《中共中央关于教育体制改革的决定》，"决定"中明确提出："……积极发展高等职业技术院校，……逐步建立起一个从初级到高级、行业配套、结构合理又能与普通教育相沟通的职业技术教育体系"。"决定"颁布以后，全国先后建立起 120 余所职业大学，举办高职教育。

　　1985 年后，我国高等职业教育迅速发展、壮大。2006 年全国 1867 所普通高校中高职高专院校为 1147 所，占学校总数的 61.44%。到 2007 年，高等职业教育招生数达 284 万人，在校生达到 860 万人。现在，高等职业教育已经成为我国高等教育的重要组成部分。

以俄为师到自主发展的中国教育之路

74. 高等教育自学考试制度建立 ⭐⭐⭐⭐

1981 年 1 月 13 日，国务院批转教育部《关于高等教育自学考试试行办法的报告》，决定建立高等教育自学考试制度。国务院批示指出，建立高等教育自学考试制度，为造就和选拔建设四个现代化的专门人才开辟广阔的道路，鼓励广大青年包括各个年龄层次的公民为实现社会主义现代化而奋发自学。《试行办法》明确规定，凡中华人民共和国公民，不受学历、年龄的限制，可以自愿申请，由各省、市、自治区根据不同情况，采取不同的方法组织考试。考试合格者，由自学考试委员发给毕业证书或单科成绩证明书。无论在职人员和待业人员经过业余自学获得毕业证书者，国家都承认其学历。在职人员根据需要，调整工作；待业人员择优录用，安排适当工作。工资按普通高等学校毕业生工资标准执行。国务院确定先在北京、天津、上海进行试点，在国务院领导下，成立全国高等教育自学考试委员会。1982 年 3 月 10 ～ 16 日，教育部在北京召开高等教育自学考试试点工作座谈会，决定上海、天津将从当年下半年起开始举行高等教育自学考试。会议明确提出，高等教育自学考试属于国家考试，其任务是通过考试，从中发现和选拔人才。自学考试要提倡地区间的协作。1982 年 4 月 28 日，教育部印发了这次座谈会的纪要。

75. "学位制" 的实行 ★★★

学位，是根据专业学术水平而授予的称号，是对某一学者在学术水平上的一个评价。1981 年，国家公布了《中华人民共和国学位条例》，建立了我国的学位制度，这是我国独立自主培养高级专门人才的一个重要标志。国家学位条例规定，学位分为学士、硕士和博士三级。

施行学位制度的重要意义在于：①国家有了一个衡量高等教育质量和评价学术水平的客观标

▼ 拿到学位的博士

准。②有利于促进高等教育质量的提高，为选拔和使用人才提供学术上的依据。③有利于更好地了解科学队伍的状况，从而采取措施使急需的、薄弱的学科得到发展和加强。④有利于形成尊重知识，尊重人才的社会风气，激励人们去攀登科学高峰。⑤有利于促进国际间的学科交流和提高我国科技人员在国际学术界的地位。

76. 自学考试在三市一省试点 ★★★

虽然在 1977 年高考恢复，但是仍然只有少数人圆了大学梦，绝大多数考生仍然不能就学。这种情势"逼迫"国家尽快开辟出一条学校教育之外的培养和选拔人才的新途径。

1980 年 1 月，邓小平在《目前的形势和任务》的重要讲话中提出实行两种办法："一个是办学校、办训练班进行教育，一个是自学。"循着邓小平的思路，同年 5 月，中共中央书记处在讨论教育工作时又进一步指出：为了促使青年人好学上进，应该拟定一个办法，规定凡是自学有成绩的人，经过考试确实达到大学水平的，就给他发证书，照样使用，使青年人不光迷信上全日制大学。

作为先行试点的地区，北京和天津、上海、辽宁先后于 1981 年和 1982 年举行了首次考试,有 2 万余人报考。辽宁的考生中年龄最小的只有 14

岁，最大的 73 岁，还出现了夫妻、兄弟同堂答卷的动人场景。随着开考专业的增多、社会助学的发展，1983 年下半年的考试，三市一省的考生增加到 17.7 万人。

到 1988 年下半年，全国有 560 多万人参加了 200 多个专业的自学考试，有 28 万多人获得本、专科毕业证书。自学考试在 20 世纪 80 年代完成被耽误的一代人补偿教育之后，又在 90 年代为上千万高中阶段毕业生提供了接受高等教育的新途径，进入 21 世纪之后则发展成为继续教育的重要形式。

77. 首批博士硕士授予单位 ★★★

博士学位是世界多数国家通行的研究生教育或学位制度中的最高级学位，他标志着被授予者的受教育程度和学术水平达到本专业的最高学士水准，并取得相当的学术成就。

世界上最早授予的博士学位，是意大利的波隆那大学于 1158 年授予的第一批法学博士学位。我国在 1981 年 1 月施行学位制后，开始授予博士学位。同年 11 月 26 日，国务院学位委员会下达了我国首批博士学位授予单位名单。1982 年 6 月 16 日，中国首次举行博士论文答辩会，马中骐、谢惠民、李尚志、赵林诚、白志东和冯玉琳等 6

▲ 博士生毕业典礼

人获得博士学位。除冯玉琳获得工学博士外，其余 5 人获得理学博士学位。1983 年 10 月 19 日，中国首次培养出了第一批文科博士。

78. 《中国教育报》创刊 ★★★

1982 年 9 月 14 日，经中共中央宣传部同意，教育部恢复出版《教师报》，并更名为《中国教育报》。

《中国教育报》是全国性的教育工作专业报纸。其任务是：宣传党和国家教育工作的指导思想、方针、政策和教育部的工作部署、行政法规；及时指导工作，交流经验，推动教育改革，提高教育质量，促进整个教育事业不断前进；坚持四项基本原则，在建设社会主义精神文明、以共产主义思想教育新一代的事业中，发挥重要的作用。《中国教育报》在宣传党的教育方针政策，报道教育领域的重要事件、人物等方面，为中国教育事业的发展作出了重要贡献。

79. 开展向张华学习的活动 ★★★

1982 年 7 月 11 目，第四军医大学空军医学系学生张华，为抢救掉在粪池里的农民魏志得而牺牲。教育部于 1982 年 10 月 21 日向全国高校发出

通知：向张华学习，在高等学校开展向第四军医大学学员、共产党员张华同学学习的活动。11 月 25 日，中央军委发布命令，授予张华"富于理想、勇于献身的优秀大学生"的光荣称号。此后，围绕张华抢救落入粪池的农民而英勇献身的举动，在全国高校展开了人生价值观的讨论。

1982 年 8 月 5 日，张华事件引起《光明日报》的首次关注。在当天出版的头版上，该报报道了张华事件，并配发了一篇题为《社会主义文明的赞歌》的编后。

10 月底，《文汇报》理论部《社会大学》副刊收到一篇署名为"多言"的文章，作者在文中提出，作为一名大学生，应懂得自己生命的宝贵，要用自己有限的生命为国家创造大于本身价值的价值，而不是去换取一个 69 岁老农的生命。拿了金子去换取等量的石子，总是不合算的。

11 月 9 日，《文汇报》启动了"大学生冒死救老农值得吗"的讨论。

讨论启动后 20 天内，《文汇报》收到全国各地的信稿 4500 多件，1/3 来自高校学生。在众多读者来稿中，有人认为，张华救人的思想可以称赞，但为救一个农民牺牲不值得，也有人说，假如我是张华，我就不下去救。因为，救人也有限度，只能是在自己力所能及的范围内进行。明知不可为而为之，等于送死……

对于突如其来的不同声音，《人民日报》《光明日报》《解放军报》等主流媒体对张华事件进行了正面典型报道。当年 10 月，《光明日报》不仅头版上几乎每天都有张华事件的追踪报道，而且文体多样。在同期的众多媒体报道中，"共产主义理想""献身""必然性""雷锋精神"等，成了张华事件报道中曝光率最高的词汇。

12 月 7 日，《文汇报》又发表了"多言"的第二封信——《重新思索，重新认识》。他在来信中写道："今天我又给你们写信了，但现在我的看法与一个月前写信之初是截然不同的了。以前，我对张华冒死救老农的英雄行为很不理解，反而得出一个'不值得'、'不实际'的结论，写信向你们求教。经过这场讨论，也就是深入向张华学习的活动，我看到了张华烈士对于社会主义精神文明建设作出的巨大贡献，也看到了自己认识上的错误。"

1983 年 6 月，全国人民代表大会六届一次会议《政府工作报告》指出："赵春娥、张华、蒋筑英等同志的感人事迹和崇高精神，鼓舞着全国青少年和亿万人民。"

在青年学生、媒体和社会的全方位评判中，张华最终被定格为：以人民利益高于一切的献身精神，是亿万青年的楷模！

80. "定向招生" 开始 ★★★

1983 年，教育部正式提出"定向招生，定向分配"，规定在中央部门或国防科工委系统所属的某些院校，按一定比例实行面向农村或农场、牧场、矿区、油田等艰苦行业定向招生；1989 年，《普通高等学校定向招生、定向就业的暂行规定》出台。

所谓定向，就是"定学校、定专业、定就业"三定。定向又可分为国防定向（国防生）和普通定向。国防定向除考生军检合格外，定向对考生报考没什么特别条件要求，只要考生愿意，都可以报考。

如果考生在第一志愿报考了国防和普通定向的学校和专业，录取时，都可以享受高校在当地调档线下降近 20 分投档案的政策。但有的高校普通定向会根据定向就业单位的不同而确定更大的降分幅度：如武汉大学定向到西藏的考生，最多可以降低 40 分。而国防生每年都可以获得 5000 元的奖学金或生活、学费补助。

但要注意，考生一旦被录取，进校后就与学校签订合同，明确毕业必须到定向的单位或城市就业，以及就业的时间等内容。

这两项定向生虽然在分数上得到了照顾，但

也要承担相应的义务，即他们毕业后都要到"定向"单位就业。国防生一般要在单位服役5年，普通定向则必须到定向单位工作，其工作时间则是5年、8年不等，有的则长达10年以上，如武汉大学定向到西藏就业的学生，毕业后在西藏工作时间原则上不少于15年。

81. 首批授予学士学位的高等院校

1982年1月12日，我国首批授予学士学位的高等学校名单经国务院批准正式下达。这是新中国建立后，在建立学位制度后，第一次授予学士学位。

在授予学士学位的同时，1月15日，我国公布了首批具有授予学士学位资格的458所高校名单。其中综合大学31所，理工学院169所，师范院校57所，语言院校10所，财经院校18所，政法院校3所，体育院校8所，艺术院校22所，民族院校9所，农业院校2所，林业院校9所，医药院校80所。

82. 第一届全国大学生运动会召开

1982年8月10日，第一届全国大学生运动会在北京首都体育馆进行。这是新中国成立以后我

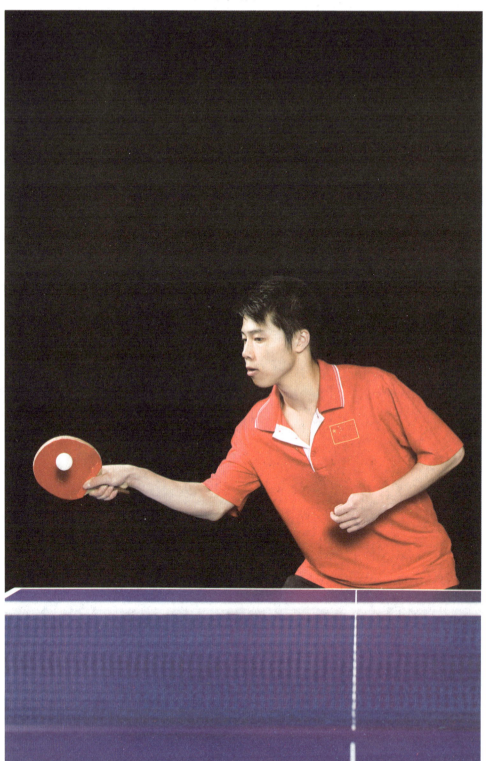

▲ 男子乒乓球

国高等院校规模最大的一次体育盛会。

当日晚 7 点 30 分，体育馆灯火辉煌，在《运动员进行曲》的音乐旋律下，由清华大学 30 名女生组成的引导队簇拥着运动会会徽，阔步入场，紧接着入场的是由北京师范大学 60 名男青年组成的红旗队，随后是裁判员、运动员队伍。

运动会设田径、竞技体操、艺术体操、乒乓球四个比赛项目。来自全国 704 所高等学校的 2255 名运动员参加了比赛。大会评选出 39 个"五讲四美"模范运动员。万里、姚依林、习仲勋等出席了开、闭幕式。

83. "三个面向"的提出 ★★★

"三个面向"是邓小平为北京景山学校的题词。北京景山学校创办于 1963 年 9 月，是一所从小学到高中的实验学校。1983 年 9 月，该校成立 20 周年，景山学校的领导写信给邓小平，请他为景山学校题词。于是邓小平题写了"教育要面向现代化、面向世界、面向未来"。

"三个面向"的提出，反映了我国社会经济、科技发展的客观要求，也顺应了世界教育改革浪潮。

教育要面向现代化，首先，是要面向我国的社会主义现代化。其次，面向现代化，不仅仅是面向我国的四个现代化，还要面向世界新的技术

革命，抓住机会，迎接挑战，迎头赶上。第三，面向现代化，就是要按照现代化的要求来培养人才。第四，面向现代化就是要使教育自身现代化。

教育面向世界，就是要对外开放，学习世界上先进的科学技术、先进的管理经验和一切有益的文化知识。从教育工作的角度来说，要善于吸收世界上先进的教育科学为现代化建设服务，要与经济建设相适应。而经济的竞争，说到底是人才的竞争。如果我们的教育不面向世界，培养的人才素质不高，就很难参与国际间的经济竞争。

教育面向未来，就是要着眼于发展、培养新世纪的人才。教育事业本身就是未来的事业。它总是为未来培养人才。现在的青少年，到 21 世纪初叶，要掌握国家的命运。我们不仅要提高新一代的文化科学水平，还要提高他们的思想道德素质。

84. 中国政法大学成立

中国第一所综合性法律大学——中国政法大学于 1983 年 5 月 7 日宣告成立。司法部长刘复之兼任第一任校长。

中国政法大学是中国历史上规模最大的法学教育最高学府，总规模为 7000 学员。实行一校三院制：一是以北京政法学院为基础而建立的本科生院，学制4年；一是以中央政法干校为基础而建立的进修学院，学制1年，一是研究生院，学制3年。

中国政法大学的前身是北京政法学院。1952年由北京大学、清华大学、燕京大学、辅仁大学四校的法学、政治学、社会学等学科组合而成立了北京政法学院。"文革"中，学校被停办。"文革"结束后，1978年北京政法学院复校，1983年遂与中央政法干校合并成立中国政法大学。

85. 高中会考制度建立 ⭐⭐⭐⭐

1977年恢复高考后，高考的模式几乎与"文革"前没有太多变化，高中毕业考试和升学考试一起进行。1983年，教育部在《关于进一步提高普通中学教育质量的几点意见》中提出：毕业考试要和升学考试分开进行，有条件的地方可按基本教材命题，试行初、高中毕业会考。1985年，上海率先进行会考试验，1988年浙江也开始进行会考试验。随后，试验的省份逐年增多，到1990年扩大到海南、河南等8个省、市。

会考制度是高中特别重要的制度之一，它是要求高中生要先进行所学科目的考试，成绩合格，方才有资格进行高考。会考考试的科目有语文、数学、外语、政治、物理、化学、生物、历史、

地理。除此以外，还要进行劳动技术课和物理、化学、生物的实验操作的考察。

国家决定从 1990 年起，用两年左右时间有计划地在全国逐步实行普通高中毕业会考制度。1992 年秋季开始，西藏自治区开始实行普通高中毕业会考制度，至此，会考制度在全国全面推开。

86. 22 所高校试办研究生院

从我国于 1978 年恢复招收和培养研究生，1981 年开始实施学位制度以来，全国共招收研究生 5.8 万多人，相当于"文革"前 17 年招生总和的 2.5 倍。研究生的数量逐年增加，为此，第五届全国人民代表大会第五次会议批准的国家"六五"计划中，提出"要试办研究生院"。

试办研究生院有利于贯彻学位条例，为国家培养人数较多、质量较高的专门人才；有利于国家集中人力、物力和财力，重点建设一批培养博士、硕士的基地，促进教学和科学研究的发展；有利于加强对研究生工作的领导和管理，积累培养经验，逐步完善具有中国特色的研究生教育制度，也便于开展对外联系，组织学术交流。

这次试办研究生院是我国从中国科学院委托中国科技大学创办研究生院之后，第一次大规模在全国试点创办研究生院，也是全国高校第一批

▲ 清华大学

创办研究生院的学校。

试办研究生院的 22 所高校：

北京大学、中国人民大学、清华大学、北京航空学院（现北京航空航天大学）、北京工业学院（现北京理工大学）、北京钢铁学院（现北京科技大学）、北京师范大学、北京农业大学（现中国农业大学）、北京医学院（现北京大学医学部）、南开大学、天津大学、吉林大学、哈尔滨工业大学、复旦大学、上海交通大学、上海第一医学院（现复旦大学医学部）、南京大学、浙江大学、武汉大学、华中工学院（现华中科技大学）、国防科技大学、西安交通大学。

87. 第一所地方办大学开学 ★★★

　　1984 年，时任国务院副总理的万里在烟台视察时说，全国中等城市，有条件的，都可以由地方筹资办一所不端"铁饭碗"的职业大学，为本地区的经济建设和社会发展培养继续的各类专门人才，并说，烟台市可以办个"烟台大学"，按照实际需要设系，没有教授，可以从普通高校那里请教授来兼课，他那里放假，你这里上课。由此，烟台大学开始筹备并创立。

　　1984 年 7 月，烟台大学正式创建。校长为沈克琦。该校当时设食品工艺、经济管理工程、建筑工程、电子、外语、海运、中文等专业。

　　烟台大学是建国以后第一所地方办大学，当时实行收费、走读，学生毕业后不包分配的政策，与当时公办大学不收费、住读为主、学生毕业包分配相对。

　　烟台大学创立后，北京大学、清华大学共同选派教学、科研、管理骨干来校援建，把支援烟大纳入长期工作计划。1990 年成立"北大、清华支援烟台大学建设委员会"，定期研究指导烟台大学的教学、科研、学科建设及改革发展，使烟台大学有一个较高的办学起点和高水平的发展。进入 21 世纪,烟台大学已经建成学科门类比较齐全、教学设施比较完善、具有相当办学规模与实力、独具特色、有较大发展潜力的地方综合性大学。

88. 我国第一所县办大学诞生 ★★★

沙洲县工学院的缘起在 1984 年初。当时，前来沙洲县考察的辽宁省海城县县委书记李铁映、著名社会学家费孝通、科学家钱伟长等有识之士指出，发展经济必须要有自己的科技队伍。并建议沙洲县县委、县政府自力更生创办高等学府，为乡镇企业和本县经济建设培养人才。由此，沙洲县工学院开始筹备建立。

1984 年 7 月，沙洲县工学院在江苏省沙洲县诞生。这是我国第一所县办大学。曾被称为"破天荒的创举"享誉全国。学校设有电子、纺织、工业民用建筑、机械、工业企业管理 5 个专业，聘任专任教师 60 余名，并请沪宁等地高校教授定期讲课。钱伟长任名誉校长。

作为我国改革开放的产物和全国第一所县办大学，沙工不仅被写入中国高等教育史，而且被载入《中国共产党的七十年》大型历史画册中。时任中共中央总书记的胡耀邦为沙工题词：沙工有如扬子水，不尽人才滚滚来。原全国人大常委会副委员长费孝通为沙工题写"勤奋、求实、开拓、进取"的校训。

以俄为师到自主发展的中国教育之路

89. 中国教育国际交流协会成立 ⤸★★★

　　1984 年 9 月 24 日，中国教育国际交流协会成立。中国教育国际交流协会是中国教育界开展对外教育交流的全国性非营利机构。其宗旨是：增进各国人民之间的相互了解和友谊，共同努力，为各国教育、科学文化的发展和社会进步做出贡献；根据独立自主、平等互利的原则，积极推动中国教育界同世界各国（地区）的教育与科研机构、学术团体，高等院校，以及教育界的专家、学者、教授进行交流与合作；愿同各国相应机构和团体就人员互访、学者互访以及留学人员和图书资料交换等双方感兴趣的领域签订交流合作协议。该会经费来源于有关团体、个人捐赠和政府资助。

　　中国教育国际交流协会会长是黄辛白。

90. 上海高考开始单独命题 ⤸★★★

　　1985 年 2 月。国家根据上海招生委员会的要求和上海市的条件，批准上海 1985 年普通高校招生入学考试，试行由上海市高等学校招生委员会单独命题、单独考试。这是新中国高考第一次由地方考区自己命题。

地方考区高考单独自我命题，是高考试题标准化之后，高考发展史上的又一项重大变革。到2008年，高考试卷，除了国家统一命题之外，已有北京、天津、上海、福建、湖北、湖南、重庆、江西、安徽、山东、辽宁、浙江、广东、江苏、四川、陕西等众多地区开始单独命题。

91. 招收自费生 ★★★

1980年的晚报上刊登了这一消息，当时还和读者发起了书信互动。当年，全国一些省、市、自治区扩大招收自费走读生 7000 多人，这是自1977年全国恢复高考以来的第一次扩大招收自费走读生的尝试，多了上大学的机会，这在当时让许多的家长和考生感到高兴。

据了解，当时全国高考招收自费走读生的尝试一直进行到1984年，到1985年，国家计划外自费生的出现让国家的招生制度，变成了不收费的国家计划招生和收费的国家调节招生同时并存的"双轨制"。至此，国家开始全面招收自费走读生。

自费生是国家按计划培养的专门人才，通过全国高等学校统一招生考试，成绩达到一定标准录取；在校期间由本人或家庭向高等学校交纳部分培养费和学杂费；毕业后自由择业，国家制定了有关政策给予就业指导。

92. 博士后制度正式确立

　　1983 年 3 月和 1984 年 5 月，著名物理学家李政道教授曾两次给国家领导人写信，建议在中国建立博士后科研流动站，实行博士后制度。他认为，中国作为世界大国，必须培养自己的科技带头人。取得博士学位只是培养过程中的一环，青年博士必须在科研条件比较好、学术气氛活跃的环境里再经过几年的锻炼，才能逐渐成熟。因此，应在一些高等学校和科研机构中设置特殊职位，挑选一些新近获得博士学位的人员在那里从事一个阶段的博士后研究，以拓宽知识面，进一步培养独立工作的能力，进一步探索、明确发展方向，使之成为具有较高水平的专业人才。鉴于"文革"后各地学院青年研究学者很少交流，而博士后的阶段更应鼓励流动，李政道经过慎重考虑，提出是否能建立一个有中国特色的博士后制度，将流动的优点化成博士后制度整体的一部分。

　　李政道的建议引起了中国国家领导人、有关政府部门以及科技界、教育界的重视，特别受到邓小平同志的直接支持和关怀。

　　1984 年 5 月 21 日，邓小平同志专门会见了李政道，听取他的建议。1985 年 7 月，博士后制度在中国正式确立。

博士后制度在中国发展很快，最初计划每年招收 250 名，1996 年一年内就增至 1200 名，20 年后的今天每年新招博士后就有 6000 多人。迄今为止，中国已招收博士后达 3 万多人，其中有约 2 万人已完成博士后研究工作。设立博士后流动站的学科亦从数、理、化、天、地、生等理学类基础学科，逐步扩大到理、工、农、医、哲、法、文、经济、教育、历史、军事、管理等 12 大学科门类的一级学科，一级学科的覆盖率达 97.7%。博士后流动站在全国覆盖的区域也从东部沿海发达地带向相对落后的中西部地区延伸。博士后制度现已覆盖了整个中国大陆。全国博士后科研流动站的数量达到 1363 个。

93. 大学生分配制度改革 ★★★

1978 年，中国招收的大学生只有 40 余万，考上大学就等于端上了"金饭碗"，每个大学生的未来都已经注定，由国家分配。到了 1981 年，"文革"后首批统一招收的本科毕业生毕业，国家恢复了中断十几年的毕业生统一计划分配制度。大学毕业生的工作由政府有计划地统筹安排，即大学生就业由国家负责，按照计划统一分配。

但"统一分配"具有局限性，分配计划一定程度上带有盲目性，影响了人才的合理使用、合

理流动，造成了人才培养的浪费，也影响了用人单位择优选拔的自主权和积极性，影响了大学生的竞争意识、自主意识的培养。因此，到80年代中后期，大学生分配"双向选择"制度开始萌芽。

1985年5月27日，《中共中央关于教育体制改革的决定》出台，上海交通大学和清华大学作为改革毕业生分配制度的试点，试行"招聘、推荐与考核录用相结合"的办法。

做法是：(1) 学校根据国家分配方针、原则和用人单位的需求，结合毕业生实际情况，确定用人单位名单及建议分配名额。毕业生在公布的用人单位名单范围内填写志愿；(2) 对少数重点单位和边远地区，采取"张榜招贤"的办法招聘部分毕业生。有关专业的应届毕业生都可自愿报名，用人单位可在限额内考核、招聘录用；(3) 对其余的毕业生，实行学校推荐，用人单位考核录用的办法；(4) 对未被录用和本人不愿去推荐单位的毕业生，由学校分配，学生应服从分配；(5) 学校把招聘、推荐和分配名单汇总为分配方案。同时规定对结业生、因病不能按期毕业的应届毕业生和受校纪处分无明显悔改表现的毕业生，不包分配。对因思想、业务、身体差等原因，三个月内仍无用人单位接收的毕业生，退回家庭所在地区，自谋职业。对分配后三个月不去报到者，学校不再负责分配工作。毕业生报到后，如发现用人单位介绍情况失实，造成使用不当者，学校有权收回，重新推荐。

这样的政策允许学校有一定自主分配的权力，也给了毕业生更大的自主选择权利。

1987年，清华大学第一次尝试供需见面活动，这是大学生第一次在工作前与"婆家"见面，受到普遍好评。

1989年，改革进一步推进。同年，国家正式推出"毕业生自主择业、用人单位择优录取"的双向选择制度，并逐步开始施行。

94. 试点高校教师聘任制 ★★★

高校教师聘任制就是根据高等学校里的每一个教师的能力。进行有时间期限的聘任，而不再实行终身制。

1984年12月，经过充分的调研和酝酿，中央职改领导小组在全国51所高校、科研和卫生等单位，其中包括北京大学、清华大学、北方交通大学、北京工业大学、复旦大学、上海交通大学、上海师范大学、上海机械学院等院校进行了专业技术聘任制改革试点。试点的结果是"由于领导明白、大家重视、步骤稳妥、保证了质量、执行

▲ 高校教师

的合情合理，改革的工作比预期的还要健康、安定，带来了队伍建设的朝气蓬勃和新的活力，受到了绝大部分知识分子的欢迎和支持。"

1985 年 8 月 31 日，我国决定改革高校教师管理制度，实行高校教师聘任制。规定高校教师职务分为助教、讲师、副教授、教授四级，由学校根据同行专家评审意见和教师本人履行相应职责的能力，进行聘任。教师的工资依据所担任的职务确定。聘任时间一般为 2 ~ 4 年，可以续聘或者连任。

95. 委托培养招生开始 ✰✰✰

"委托培养"，简称"委培"，即高等学校受用人单位委托，为其培养人才，由委托单位提供经费，高等学校负责培养，学生毕业后到委托单位工作。其与定向生差不多。不同的是，定向生的费用可以免除，而委培生的费用通常是需要缴纳的。

1986 年，我国开始在高等学校招生计划中列出委托培养生。委托培养成为我国高等教育里一种特殊而重要的招生、教育方式。

1986 年 1 月 11 日，我国对高校委托培养生作了规定。高校中的委托培养生与普通学生相比，仅是费用来源和输送方式不同，因此在招生时，不得降低分数，不得降低录取的标准。未经过国家教委同意，不得擅自招生。同时规定，委托培养生可享受人民奖学金和人民助学金。

96. 试招保送大学生 ⭐⭐⭐

保送大学生，通常称为保送生，即不用参加高考，通过学校报送而上大学的一部分学生。

1986 年 1 月 26 日，我国出台了《关于 1986 年普通高等学校试招保送生的意见》。其中规定保送生的条件是：德智体一贯优秀或德体较好，智力超常，学习成绩优异的应届高中毕业生；德智体全面发展，学习成绩优秀，志愿献身教育事业，并具备从事教育工作素质的应届高中毕业生应向师范学院保送。又规定，保送应该在考生自愿、班主任和任课教师推荐的基础上，由中学根据长期的考核，确定名单张榜公布，最后由大学决定是否录取。同时规定，保送生的人数控制在当年试点高校和师范院校招生计划人数的 2%～5%以内，试点中学保送人数以不超过本省、区、市当年国家计划本科招生总数的 1%，各中学的保送比例控制在本校当年应届高中毕业生总数的5%以内。

1988 年，我国正式实施《普通高等学校招收保送生的暂行规定》，当时规定全国有 52 所大学招收保送生。从此，中国保送生制度正式开始建立起来。高等学校招生也建立了一种以考试为主、以保送为辅的招生制度。

97. 我国正式参加国际数学奥林匹克竞赛

1985 年，我国派出观察员和 2 名队员参加国际数学奥林匹克竞赛，1986 年，我国正式组队 6 人参加国际数学奥林匹克竞赛，并获得了 3 金 1 银 1 铜的成绩。1986 年是我国参加国际数学奥林匹克竞赛的开始。

1959 年，第一届国际奥林匹克数学竞赛由罗马尼亚主办。这一竞赛主要是为了发现并鼓励世界上具有数学天分的青少年，为各国进行科学教育交流创造条件，增进各国师生间的友好关系。

每年7月，约80个国家会各派出最多6位参赛中学生、一名领队、一名副领队和观察员来参加比赛。参赛者必须在比赛时未到20岁，且不能有任何比中学程度高的学历。

现在国际奥林匹克数学竞赛的每份试卷有6题，每题7分，满分42分。赛事分两日进行，每日参赛者有4.5小时来解决三道问题。通常每天的第1题最浅，第2题中等，第3题最深。解决这些问题，参赛者通常不需要更深入的数学知识，但通常要有异想天开的思维和良好的数学能力，才能找出解答。

98. 高校第二学位培养试行 ★★★

1987年6月6日，我国开始允许高等学校培养第二学士学位生，即对已经获得本科学士学位的人进行再教育，通过一段时间的学习，成绩合格，授予其第二学士学位。国家规定，第二学士学位的修业年限一般为两年。同时说明，第二学士学位生的培养院校，原则上限于历史较久、师资力量较强、教学科研水平较高的高等院校试行。同年，国家共批准26所高校举办第二学士学位班。

99. 四、六级考试从此开始

大学英语考试作为一项全国性的教学考试，由"教育部高教司"主办，分为四级考试和六级考试，每年各举行两次，其目的是对大学生的实际英语能力进行客观、准确的测量，为大学英语教学提供服务。从 1987 年 9 月实施第一次全国大学英语四级考试至 2005 年 1 月的四、六级考试，每年两次的四、六级考试均采用"100"分制。2005 年 1 月起，四、六级考试进行改革，满分成绩为 710 分。

自从四、六级考试 1987 年 9 月问世以来，其成绩的权威性已成为众多用人单位招聘人才的敲门砖，以至于报考四、六级人数逐年增加。1987 年第一次考试时才 10 万人，到 2004 年这一年四、六级全国参加考试人数竟然突破了 1100 万。

100. 向英雄赖宁学习

1988 年 3 月 13 日，四川石棉县海子山突然发生山林火灾，为了扑灭山火，挽救山村，保护电视地面卫星接收站的安全，石棉一中的少年赖宁主动加入了灭火队伍，他不顾个人安危，在烈火中奋战四五个小时,献出了宝贵的生命,年仅 15 岁。

为了表彰赖宁的崇高精神，1988年5月，共青团中央、国家教委作出决定，授予赖宁"英雄少年"的光荣称号，号召全国各族少年向赖宁学习。江泽民同志在中国少年先锋队全国代表大会上的祝词中发出号召："向赖宁学习，做社会主义事业接班人。"

1988年，四川省人民政府批准赖宁为革命烈士。

赖宁1973年10月出生于四川省石棉县。在读小学六年级时，他就勇敢地参加了扑灭山火的活动。小学毕业时，赖宁在全县1254名考生中名列第一，升入雅安地区重点中学之一的石棉县中学。

1988年3月13日，星期天，下午3点左右，因刮八级大风，引起电线短路，火花引燃山林，海子山上顿时一片火海。山上大片国有森林和电视卫星转播站，石油公司上万吨的油库都面临着严重的威胁。赖宁在家刚做完作业，闻讯后，便背着大人偷偷溜出家门，加入了1000多人自发组成的救火大军，奔向海子山。傍晚，县灭火指挥部决定，除去青壮年外，将其余人员送下山。可是赖宁和同学王海、周伟趁汽车停下加水时，跳下汽车，再次朝着熊熊燃烧的森林里冲去……但风向突然一转，高达10余米的火舌迎面扑向3个幼小的身躯，王海、周伟先后滚到一条山沟里。次日早晨，大火被扑灭了。3500余亩森林保住了，

县电视卫星转播站和油库都安然无恙。可是，人们在昨夜火势最猛烈的海子山南坡的过火森林，发现了赖宁的遗体。

101. 中国高等教育学会成立

1983年5月29日，中国高等教育学会成立。会长蒋南翔，副会长何东昌、曾德林、季羡林、唐敖庆、李国豪、钱令希。学会的主要任务：组织高等教育问题研究，召开高等教育学术会议，搜集高等教育情报及出版学术报刊，加强国际高等教育研究和学术交流。中国高等教育学会自成立以来，开展了一系列国际和国内高等教育学术交流活动，探索高等教育发展规律，为推动中国高等教育事业发展作出了很大的贡献。

102.《义务教育法》施行

1986年7月1日，《义务教育法》开始施行。《教育法》共18条，其中规定："国家实行九年制义务教育。"义务教育必须贯彻国家的教育方针，努力提高教学质量，使儿童、少年在品德、智力、体质等方面全面发展，为提高全民族的素质，培养有理想、有道德、有文化、有纪律的社会主义建设人才奠定基础。"国家、社会、学校和家庭依法保障适龄儿童、少年接受义务教育的权利。""凡年满 6 周岁的儿童，不分性别、民族、种族，应当入学接受规定年限的义务教育。条件不具备的地区，可以推迟到 7 周岁入学。""义务教育可以分为初等教育和初级中等教育两个阶段。在普及初等教育基础上普及初级中等教育。"

103. 实行中小学教师考核合格证书制 ★★★

为了有效地提高中小学教师的文化专业知识水平和教育教学能力，以适应中国基础教育发展和实施九年义务教育的需要，国家教育委员会于 1986 年 9 月 6 日特制定《中小学教师考核合格证书》(试行办法)。考核合格证书适用于不具备国家规定

▼ 小学老师辅导学生写作业

合格学历的中小学（含农职业中学文化课）教师。

考核合格证书暂设"教材教法考试合格证书"和"专业合格证书"两种。凡不具备国家规定合格学历的中小学教师，工作满一年以上者，可申请参加"教材教法考试合格证书"的考试，工作满两年以上并已取得"教材教法考试合格证书"者，可申请参加"专业合格证书"的文化专业知识考试。

"教材教法考试合格证书"意味着教师初步学习并掌握了所教学科的教学大纲、教材及基本的教学方法。"专业合格证书"表明教师具有担任某一学科教学所必须具备的文化专业知识和能力，并能基本胜任所教学科的教学工作。

104. 国家教委设立"资助优秀年轻教师基金" ★★★

为贯彻落实邓小平同志关于"培养年轻政治家、科学家、经济管理家和企业家"的指示精神，国家教育委员会决定设立"资助优秀年轻教师基金"。每年在高校系统选拔几十名年轻有为的科技、教育专家，给予重点资助，使高校优秀人才脱颖而出。教委于 1987 年 6 月 30 日发出《关于申请"资助优秀年轻教师基金"有关问题的通知》，并同时发出 4 个附件（《资助优秀年轻教师基金试行办法》《资助优秀年轻教师基金申请表》《资助优秀年轻教师基金推荐书》《资助优秀年轻教师基金项目评审学科目录表》)。设立"资助基金"是培养和造就又红又专的年轻科技、教育专家的一项重要措施。《通知》要求各高等学校应把这项措施和国家重点学科、重点实验室、重点科研项目等任务以及师资培养规划结合起来考虑；注意发现优秀青年教师，创造必要的条件，使他们尽快脱颖而出，成为有一定知名度的科学家或教育家。凡在国内高等学校任教的年轻教师或已被国内高等学校聘用的即将学成回国的优秀留学人员，可依据"资助优秀年轻教师基金试行办法"提出申请。

105. 春蕾计划 ★★★

1989 年，中国少年基金会为了帮助因生活贫困而辍学或者面临辍学的女童重返学校，设立了"女童升学助学金"，以及在贫困地区倡导并开办的女童班。1992 年 8 月改为"春蕾计划"。

在我国，由于自然条件的限制、社会经济、文化等发展的不平衡，特别是受到传统习俗的影响，失学儿童和辍学儿童中女童占了三分之二，女童教育问题成为义务教育的一大难题。因此，1989 年，以辅助国家推行九年制义务教育，救助失学、辍学女童重返校园为长期战略任务，中国儿童少年基金会建立了"女童升学助学金"，"春

▲ 贫困地区的
学生

蕾计划"启动。这个计划旨在让所有因家庭经济
困难而失学、辍学的女童重返校园。它利用在海
内外广泛募集的资金，主要用于人均年收入不足
500元的贫困地区举办"春蕾女童班"。一般依附
于当地学校开办高小女童班，资助失学女童到高
小毕业，有条件的继续开办初中直至高中春蕾班。
此外，为了进一步深入实施"春蕾计划"，根据我
国农村大量劳动力转移到城市，在农村出现了"留
守儿童"和"流动儿童"的现状，"春蕾计划"又
把关注的重点延伸到"留守儿童"和"流动儿童"，
并推出了捐建"春蕾寄宿制学校"项目等。

　　"春蕾计划"让贫困地区的千千万万个女童改
变了命运。"春蕾计划"在帮助女童重返校园，维

护女童受教育权、维护社会公平、推进社会文明上取得了巨大成就。"春蕾计划"已经成为我国民间公益组织促进女童教育发展的最成功、最有影响力的范例。2005年"春蕾计划"被民政部授予"中华慈善奖"。

106. "希望工程"实施 ★★★★

▼ "希望工程"救助的学生

为了解决贫困地区少年失学问题，中国青少年发展基金会于1989年10月30日在北京举办新闻发布会，宣布开展"救助贫困地区失学少年"活动，建立了中国第一个"救助贫困地区失学少年基金"，并把这项活动命名为"希望工程"。

"希望工程"主要依靠社会各界和海外关心中国青少年团体的支持，通过募捐，创建"救助贫困地区失学少年基金"。这些

基金将用来设立助学金，为一些贫困乡村新盖、修缮小学校舍；为一些贫困乡村小学购置教具、文具和图书等。

希望工程自实施以来，全国各界引起强烈反响。全国各界人士都以捐钱、捐物等形式对贫苦地区的失学青少年进行救助，使得许多失学或即将失学的青少年能够继续他们的学业。1992 年，邓小平同志两次以"一个老共产党员"的名义向希望工程捐款 5000 元。

1990 年 5 月 19 日，全国第一所希望小学在安徽金寨县诞生，使 500 名失学儿童重返校园。

1991 年 5 月，中国青年报摄影记者解海龙到安徽省金寨县采访拍摄希望工程，找到了张湾小学正在上课的张明娟，一双特别能代表贫困山区孩子"渴望读书的大眼睛"摄入他的镜头，这张照片成为中国希望工程的宣传标志。

107.《中华人民共和国教师法》颁布

1993 年 10 月 31 日，《中华人民共和国教师法》于第八届全国人民代表大会常务委员会第四次会议通过，于 1994 年 1 月 1 日起生效。

这部法律的基本精神就是用法律来维护教师的合法权益，保障教师待遇和社会地位的不断提高；加强教师队伍的规范化管理，确保教师队伍整体素质不断优化和提高。按照这部法律，各级人民政府应当采取措施，加强教师的思想政治教育和业务培训，改善教师的工作条件和生活条件，保障教师的合法权益，提高教师的社会地位。全社会都应当尊重教师。除此以外，法律还规定，教师体罚学生，经教育不改的或者品行不良、侮辱学生，影响恶劣的，由所在学校、其他教育机构或者教育行政部门给予行政处分或者解聘，情节严重，构成犯罪的，依法追究刑事责任。

108. 中小学阶段宋庆龄奖学金设立

1994 年 7 月 22 日，首届宋庆龄奖学金在上海颁奖。宋庆龄奖学金是由中华人民共和国教育部和中国福利会共同创设的，也是九年义务教育阶段唯一的国家级奖学金。这个奖项的设立，是为了弘扬宋庆龄爱国主义精神，鼓励少年儿童热爱祖国、刻苦学习、努力锻炼，成为有理想、有道德、有文化、有纪律的跨世纪人才，对促进我国素质教育和人才的早期培养具有重要的意义和深远的影响。

宋庆龄奖学金每 3 年颁发一次。为进一步充分发挥宋庆龄奖学金对中小学的导向激励作用，第八届获奖名额将在第七届的基础上增加三分之一。

▲ 宋庆龄和孩子们

宋庆龄，中国民主革命先驱孙中山的夫人、国家名誉主席，20世纪人类最杰出的女性之一。她青年时代追随孙中山，献身革命，在近七十年的革命生涯中，为中国人民的解放事业，为妇女儿童的卫生保健和文化教育福利事业，为祖国统一以及保卫世界和平、促进人类的进步事业而殚精竭力，鞠躬尽瘁，作出了不可磨灭的贡献。在宋庆龄的身上，凝聚着几乎所有的优秀品德。宋庆龄的人生道路、崇高品质和伟大思想，是中华民族的宝贵财富，是广大人民尤其是青少年学习的榜样。

109. 设立勤工助学基金 ★★★

星期一下午去图书馆做助理馆员，星期三一天到教务处做助理文员。这是大二学生张某一个学期不变的时间表。因为助理馆员和助理文员的岗位是学校提供的固定的岗位，他可以在大学四年中一直做这份工作，只要不影响他的学业。每个月，他可以从这两个岗位中得到大约 400 元的

"工资"。可以维持他一个月的伙食费用。张某所从事的固定岗位是大学里的勤工助学岗位，其开支有固定来源。大学里勤工助学在我国由来已久，但一直没有规范化。20世纪90年代，随着教育发展，以及学费上涨，大学勤工助学的重要性变得重要起来。

为了使高等学校勤工助学活动具有稳定、可靠的经费来源，使这项工作逐步走向经常化、规范化，使家庭经济困难的学生，尤其是特困生得到有效资助，以完成学业，根据勤工助学基金要求，各大学应拿出一部分钱，根据投资的比例和回报的利率来计算出所需要的基金的数目，通过这种投资，使学生每年能够获得等额的收益以维持勤工助学奖金的发放。勤工助学基金专款专用，专门用于在校内勤工助学活动中支付给学生的劳动报酬，各大学必须优先安排家庭困难的特困生参加勤工助学，其资金来源主要有四：一是在教育事业费中，根据国家任务学生数，按每生每月3~5元标准提取的经费；二是从学杂费收入中划出5%的经费；三是从学校预算外收入中划出一定比例的经费；四是基金增值。

勤工助学基金的设立，使得家庭贫困的学生在大学期间有了一份稳定的收入方式，虽然数额不大，但对于大学生的日常生活不无裨益。

110. "211工程"规划实施

1990年6月，教育部初步确定到2000年前后，重点建设100所左右的高等院校，并将此成为"211工程"的主要精神，即面向21世纪。1993年，国家教育部发出《关于重点建设一批高等学校和重点学科点的若干意见》。1994年5月，"211工程"正式启动部门预审。

"211工程"建设的目标是：经过若干年的努力，使相当一批高等学校和重点学科都能够成为培养高等层次专门人才和解决国家经济建设、社会发展重大科技问题的基地，并达到或接近世界先进水平。在教育质量、科学研究和管理等方面处于国内先进水平，并有一定的国际影响。基本形成适应社会主义现代化建设需要、各具特色的重点学科点和示范带头学校，建立高等教育新体制。到2005年中期，被正式批准立项的"211工程"高校已有108所。

在党中央、国务院领导同志的直接关心指导下，在国家计委、教育部和财政部的协调领导下，国家对"211工程"不断加大投入力度，一、二期时，中央分别安排专项资金27.55亿元、60亿元；而对"211工程"三期（2007～2011年）建设，中央财政投入100亿元。中国现有普通高等学校1700

▲ 大学的学生

多所，"211 工程"学校仅占其中的 6%，却承担了全国 4/5 的博士生、2/3 的硕士生、1/2 的留学生和 1/3 的本科生的培养任务，拥有 85%的国家重点学科和 96%的国家重点实验室，占有 70%科研经费。

"211 工程"规划实施以来进展平稳顺利，推动了高等教育的整体发展，推动了部门与地方的共建和多种形式的联合办学，充分调动了各方面的办学积极性，同时也带动了学校办学思想的变化。列入该工程的地方高校尤其受益良多，包括经费投入效应、目标定向效应、社会声誉和某些附加效应等等。

111.《残疾人教育条例》颁布 ★★★

残疾人教育是国家教育事业的组成部分。发展残疾人教育事业，实行普及与提高相结合、以普及为重点的方针，着重发展义务教育和职业教育，积极开展学前教育，逐步发展高级中等以上教育。1994 年 8 月 23 日，我国颁布的《残疾人教育条例》对我国的残疾人的教育作了较为详细的规定，明确了我国残疾人接受教育、义务教育的权利。

《残疾人教育条例》是我国第一部有关残疾人教育的专项法规，它的颁布实施，将从法律上进一步保障我国残疾人平等受教育的权利，促进残

▲ 残疾人

疾人教育事业的发展。

112. 电子图书馆 ★★★

电子图书馆，是指图书馆的馆藏文献资料均以电子版形式保存，通过计算机网络提供服务。电子图书馆是现代信息技术环境下应运而生的新型图书馆，它代表了图书馆的发展趋势，成为历

以俄为师到自主发展的中国教育之路

史发展的必然产物。近来还出现了数字图书馆（digital library 简称 DL)、多媒体图书馆(multimedia library)、虚拟图书馆（virtual library)、无墙图书馆和全球图书馆（glob a library）等多种的说法。对于电子图书馆，目前尚无严格、准确、一致的定义，虽然有各种各样不同的称谓，但其实质都是相同的，它们只是为了从不同的角度强调电子图书馆的特征。

我国第一个电子图书馆实验室是北京大学信息管理系于 1995 年建立的，这为我国数字图书馆的建设树立了一个典范。电子图书馆的优点是其资源可供网上千千万万用户共享，可远程访问，即不必出门就可获得所需要的资料，打破了印刷型文献的局限性。

113. 中华扫盲奖设立

1996 年教育部、财政部联合设立了"中华扫盲奖"。建立了扫盲先进地区奖励制度。

3 月 20 日国家教委和全国扫盲工作部际协调小组在北京举行仪式，宣布设立"中华扫盲奖"及"中华扫盲奖锡山奖"，旨在表彰奖励在扫盲工作中作出突出成绩的先进单位和个人。"中华扫盲奖"是国家扫盲奖，经费由国家财政投入及社会各界的捐资共同组成，每两年奖励一次，每次 500

万元。"中华扫盲奖锡山奖"是中华扫盲奖的下设奖项，江苏省锡山市人民政府为该奖捐资 250 万元，因而命名。

另外，1990 年，我国设立了"巾帼扫盲奖"，每两年表彰一次扫除妇女文盲的先进单位和个人。其目的就是为了推动妇女扫盲工作更好地开展，以达到本世纪末基本扫除青壮年妇女文盲的任务。

由此，我国扫盲工作取得了较大进展。1990年以来，全国共扫除文盲 3793 万人。据国家统计局调查统计，15 岁以上人口中，文盲数量由 1.82 亿降到 1.45 亿，文盲率由 22.3%降到 16.5%，青壮年文盲率由 10.38%降到 6.14%。

114. "跨世纪优秀人才培养计划" 启动

1993 年 2 月，当时北京大学唐有祺教授，建议尽快选拔和培养一批年轻有为的跨世纪学术带头人。1993 年 4 月和 10 月，唐有祺教授又两次写信，建议国家组织实施一项以培养新一代高水平学科带头人为主要目标的"跨世纪人才工程"。1993 年 10 月，经国家仔细研究后，"跨世纪优秀人才培养计划"正式启动。

"跨世纪优秀人才培养计划"是我国第一个面向高层次优秀学术带头人的人才培养计划。其主要目标是培养国家重大科技计划或工程的科研骨

干和国家重点科研基地的优秀年轻专家，目的是发现和培养具有原始性创新能力的学科带头人。

对于初次遴选出 240 名优秀年轻专家，国家教委除了在经费上予以支持外，还给他们许多优惠政策，如在参加国际会议、出国进行学术活动等方面予以优先考虑。

经过四年多的努力，这批优秀的年轻专家已在各自的学科领域中崭露头角。有 43 名获得"国家杰出青年科学基金"，还有 1 位当选中国工程院院士。1996 年 2 月，该计划领导小组召开会议，决定"九五"期间继续实施该计划，自然科学类每年评选 60 人左右，每人资助约 30 万元人民币，分三年支付。

115. "春晖计划"提出与实施

"春晖"二字是出自唐代诗人孟郊《游子吟》中的"谁言寸草心，报得三春晖"。"春晖计划"即国家为吸引广大留学人员回国为祖国的社会主义事业添砖加瓦所实施的优惠政策。1996 年 7 月，教育部宣布实施"春晖计划"，目的是资助优秀在外留学人员回国工作或为国服务，其全称为"教育部资助留学人员短期回国工作专项经费"。这一举动，宣告"春晖计划"诞生。

为提高资助效益，教育部瞄准中国经济社会

发展中的重大课题，开展了一系列有效的活动。如：针对中国区域经济发展非均衡问题实施的"留法学者支持西部建设项目"；针对中国老工业基地改造发展问题实施的"留学人员为辽宁大中企业技术改造服务项目"；为培养适应国际金融市场的发展、能以工程方式解决复杂金融问题的高级人才而实施的"培养金融工程博士项目"等。

"春晖计划"实施以来，在留学人员中产生了广泛、积极的影响，激发了广大在外留学人员的爱国热情。截至 1998 年底，"春晖计划"已资助了 1 100 多名在外留学人员短期回国工作。

116. "985 工程"规划实施 ★★★

"985 工程"的命名源自江泽民 1998 年 5 月在北京大学建校 100 周年大会上的讲话，江泽民同志指出，"为了实现现代化，我国要有若干所具有世界先进水平的一流大学"。建设世界一流大学和高水平大学，是党和国家的重大决策，对于增强高等教育综合实力，提高我国国际竞争力具有重要的战略意义。

1999 年，"985 工程"正式启动，首批重点建设资金投入时间为 1999 年至 2001 年，除正常经费外，国家对清华大学、北京大学各投入 18 亿元人民币。随后，南京大学、浙江大学、复旦大学、

上海交通大学、西安交通大学、中国科技大学和哈尔滨工业大学7个入选高校也都采取两方或者三方共建的形式分别给予10亿元左右的重点建设资金。

国家重点建设的这9所高校是我国高等教育大军的先锋部队、精锐部队，在全国高校中，它们的数量仅占1%，而重点实验室却占近一半，年科研经费约占1/3，在校硕士生占20%，博士生占30%，为创建世界一流大学和世界高水平大学奠定了基础。

2000年以来，教育部还与有关省市和部门陆续对一批具备基础和条件的高校实行了"985工程"重点共建，它们是中国人民大学、北京师范大学、天津大学、南开大学、北京航空航天大学、北京理工大学、东南大学、华中科技大学等20余所著名高校，这批重点高校在教育部和有关省市、部门的坚强领导和大力支持下，以争创一流的精神，努力实现着跻身世界高水平大学和一流学科行列的跨越式发展。

117. 长江学者奖励计划实施

1998年8月，教育部和李嘉诚基金会共同启动实施了"长江学者奖励计划"。"长江学者奖励计划"包括特聘教授、讲座教授岗位制度和长江学者成就奖。因此，"长江学者奖励计划"实施过程中的申报、评审工作分为特聘教授岗位设置申请、特聘教授候选人推荐、"长江学者成就奖"候选人推荐三部分。其中特聘教授岗位设置申请及特聘教授候选人推荐工作每年进行两次。"长江学者成就奖"候选人推荐工作每年进行一次。

在长江学者奖励计划的第一期，教育部计划将在三年至五年内在全国高等学校国家重点建设学科中设置300到500个特聘教授岗位，明确岗位职责和招聘条件，有获准设置特聘教授岗位的高等学校面向国内外公开招聘学术造诣深、发展潜力大、具有领导本学科在其前沿领域赶超或者保持国际先进水平能力的中青年杰出人才。学校遴选、推荐的特聘教授候选人经专家评审委员会评审通过后，由学校与之签订聘约，规定聘期及聘任双方的权利和义务，受聘教授岗位的人员在聘期内享受每年人民币10万元的特聘教授岗位津贴，同时享受学校按照国家有关规定提供的工资、保险、福利待遇，其中，任职期间取得重大学术成就、作出杰出贡献的人员，还可以获得每年颁发一次"长江学者成就奖"，每次奖励一等奖1名，奖励人民币100万元，二等奖3名，奖励人民币50万元。

1999年4月2日，"长江学者奖励计划"首批特聘教授受聘暨首届"长江学者成就奖"颁奖典礼在北京举行。首批特聘教授为73名，将受聘于

40 所高等学校。

2004 年，我国对"长江学者奖励计划"进行了调整，增加长江学者奖励计划覆盖范围，每年计划聘任特聘教授、讲座教授各 100 名，聘期为三年，李嘉诚基金会继续给予了一定支持，同时增加实施范围扩大到人文社会科学领域，变成文理并重。

2005 年 6 月，又将"长江学者奖励计划"中"长江学者成就奖"实施办法做出了调整，将奖励范围由内地高等学校扩大到港澳地区高等学校和中国科学院所属研究机构。"长江学者成就奖"获奖人员遴选条件是：科学道德高尚、年龄在 50 岁以下、主要在自然科学领域取得国际公认领先水平的重大科研成果或者突破性进展的杰出华人学者。该奖项每年计划评选一等奖 1 名，奖励人民币 100 万元，二等奖 3 名，每人奖励人民币 50 万元，奖金仍由李嘉诚基金会全额捐赠。

"长江学者奖励计划"实施后，1998 年至 2006 年共有 97 所高校分八批聘任了 799 位特聘教授、308 位讲座教授，14 位优秀学者荣获"长江学者成就奖"。1107 位长江学者特聘教授、讲座教授中，98%具有博士学位；94%具有在国外留学或工作的经历；上岗时平均年龄 42 岁，最小的 30 岁；特聘教授中，直接从海外应聘或近三年回国工作的 231 人，讲座教授全部从海外应聘。

在"长江学者奖励计划"的支持和激励下，一批长江学者已经成长为许多学科领域的领军人物，取得了一系列重要研究成果。截至2006年，有24位长江学者特聘教授当选为中国科学院院士、中国工程院院士；有57位长江学者特聘教授担任"973计划"首席科学家；有30位长江学者特聘教授取得的39项重大成果分别入选"中国十大科技进展新闻""中国基础研究十大新闻"以及"中国高校十大科技进展"；有175项由长江学者特聘教授主持或作为主要完成人参加的科研成果获得了国家三大科技奖；70位长江学者特聘教授指导的88名博士研究生获得了"全国百篇优秀博士论文奖"。

118. 第一届新概念作文大赛开展 ⭐⭐⭐

"新概念作文大赛"是一种提倡"新思维""新表达""真体验"的一个作文大赛，它是对中学机械式、纯技术性的语文教学的一种反叛和出新。其出发点就是探索一条还语文教学以应有的人文性和审美性之路，让充满崇高的理想情操、充满创造力、想象力的语文学科，真正成为提高学生综合素质的基础学科。

1998年，首届新概念作文大赛启动。由北京大学、复旦大学、华东师范大学、南京大学、南开大学、山东大学、厦门大学等全国重点大学联

以俄为师到自主发展的中国教育之路

合《萌芽》杂志共同主办，大赛聘请国内一流的文学家、编辑和人文学者担任评委。除初赛作品要求字数控制在 5000 字以内，参赛者 30 岁以下之外，不收取报名费，无任何限制。

比赛分初赛、复赛。初赛沿用一般文学刊物征文的形式，不命题、不限定题材、体裁，字数5000 字以下，文章不曾在公开刊物发表。初赛优胜者参加复赛；复赛设立考场举行。考题由发起主办单位各出多套方案，以无记名投票方式选出，并由公证处现场监督和公正。自从第一届"新概念作文大赛"开始之后，参赛人数已经从最初的4000 人次，逐年递增至 7 万人次，发现了韩寒等一些与"新概念"有关的被人所知的码字人。

新概念作文大赛的启动。让更多的人更深入地思考原来语文教学模式的不科学之处，这是新概念作文大赛在中国教育发展史上最大的意义。

119. 浙江大学合并成立 ★★★

1996 年，时任浙江农业大学校长的朱祖祥院士和浙江大学副校长王启东教授在全国人大会议上提出将原来分开的 4 所大学重新合并组建新的浙江大学的提议，这个提议一经提出，就得到了中央领导、教育部和浙江省政府的支持。

经过多方的努力，1998 年 9 月，原浙江大学宣布与杭州大学、浙江医科大学、浙江农业大学实行"四校合并"，成立新的浙江大学，合并后的新浙江大学综合了四校的实力，被评为中国规模最大、学科覆盖面最广的综合性大学。

新浙江大学合并两年后，学校的事业就有了很大发展，教育部曾以"新浙大成立两年，各项事业取得新进展"为题发文件加以肯定。

这种高校的合并，不但实现了对教育资源的重组与改进，使许多高校的规模效益、经济效益有了明显的提高，而且也使单一性学科被复合性学科所取代，使高校结构趋于合理，对于培养社会所需的复合型人才也是一个帮助。

新浙大合并成功的原因有这么几条：第一，四校原本就是一所学校，同根同源，1952年院系调整时被拆分为四校，但还有内在联系；第二，合校经过两年多的酝酿，各校领导及师生思想上比较统一；第三，中央和有关部委的重视和支持，时任国务院副总理的李岚清同志要求有关部门每周上报一次筹建情况，中央和省里各拨出一笔合并经费支持，教育部将新浙江大学的合并作为当年部里的中心工作之一，定下特事特办的方针。

120. 第一笔国家助学贷款发放 ★★★

20世纪90年代后期，随着高校学费近乎几何级数的上涨，大学生以及其家庭的负担日益加重，大学新生因为学费问题而不得不辍学的报道屡见不鲜。

国家助学贷款就是适应高校学费上涨之下而提出的一种保障全国大学生上大学权利的一种措施。1999年。我国作出"不让一个大学生因家庭贫困而辍学"的庄严承诺。

这一年6月，我国出台了《关于国家助学贷款的管理规定》(试行)，并选择了全国高校较集中的北京、上海、天津、重庆、武汉、沈阳、西安、南京八个城市，在这几个城市的若干所高校，进行国家助学贷款的试点，从而发放了第一笔贷款，这是我国第一笔国家助学贷款。

2000年，国家助学贷款正式在全国实施。2003年，国家助学贷款进入还贷期，由于违约率及违约人数双超20%，西安交通大学成为全国第一个停贷的高校。停贷风波遍及全国，各贷款银行全面停贷。

2004年9月，我国对国家助学贷款进行了调整。主要内容包括：一是调整了贴息方式，即借款人在校期间全部由国家贴息；二是延长了还款期限，即由毕业后四年变为六年；三是贷款银行获得最高不超过15%的风险补偿金，该补偿金由国家、高校各承担50%。

国家助学贷款制度对于我国高等教育具有非

同一般的意义。据统计，自 1999 年开展国家助学贷款工作以后，至 2006 年，全国申请助学贷款累计总人数 395.2 万人，银行审批人数 240.5 万人；申请贷款累计总金额 305.6 亿元，银行审批金额 201.4 亿元，共有 240 万学子在国家助学贷款政策的帮助下，改变了自己的命运，进入了大学之门。

121. 高考科目实行"3+X" ★★★

1999 年，广东省在高考科目设置中实行"3+X"的改革试点，这是我国第一次进行高考"3+X"的考试方式。"3"指语文、数学、外语三科，为每个考生必考科目。"X"包括物理、化学、生物、政治、历史、地理六科或"综合科目"，为选考科目。"综合科目"又包括"理科综合"（理、化、生综合）、"文科综合（政、史、地综合）"或"文理综合"（理、化、生、政、史、地综合）

2000 年浙江、江苏、山西、吉林四省也试行"3+X"改革方案。通过几年的试验，最终将走向"3+综合+1"的模式，即语、数、外三科，加上"综合科目"，再加上一门与报考专业要求相对应的专业课程。

实行"3+X"后，最主要的是将学生从完全固定的高考科目中解放出来，每个考生都以语文、数学、外语为共同的基础，然后根据自己的兴趣、

以俄为师到自主发展的中国教育之路

特长和实际情况来选择 X。但这也同时加重了高考的负担。2007 年，最先实行"3+X"方案的广东省告别此方案，开始文理分科，分开录取线。

122. 商业性留学贷款推出 ★★★

留学贷款是指银行向出国留学人员或其直系亲属或其配偶发放的，用于支付其在境外读书所需学杂费和生活费的外汇消费贷款。1999 年 7 月 1 日，上海浦东发展银行在全国范围内推出了留学贷款，这是我国第一家银行推出商业性留学贷款。

123. 高考网上录取开始 ★★★

网上录取就是省、市、自治区招生办公室将所有考生的纸介质档案换成电子档案后，利用互联网络，将考生的档案传至招生院校进行审查录取。

1995 年，我国就提出网上招生的意向，提出要将计算机逐渐深入到我国的招生考试工作中。

1998 年年底，国家教育部提出，将用三年时间全面实现高校网上招生。在这一年，广西、天津进行了高校招生网上录取的试点。这是我国第一次进行的网上录取。

1999 年 8 月，在全国高等学校招生工作中，六个省、市的 200 余所高校使用"全国高校招生系统"，在网上进行第一次网络招生获得成功。高考网上录取开始推广。

直到 2002 年，网上录取在全国已经普及，覆盖所有地区。

网上录取有很多优势，对于我国的教育事业和互联网使用方面都有很大的促进作用，比如：

（1）网上录取使各招生院校不用派人到各省市的录取现场进行录取，而是在学校的内部，由学校的各级领导及专业技术人员组成一支录取队伍，以集体办公的方式进行录取工作，从而避免了以往可能发生的个人行为，使录取工作更加公平、公正、公开；

（2）网上录取是建立招生、学籍、学历管理和毕业生就业服务一体化综合信息系统的前提和基础，为录取的考生就读和毕业提供了简化、快递、科学和防伪手段；

（3）网上录取由于是在 Internet 互联网络上实现的，从而拓宽了 Internet 的应用范围，发展了我国的 Internet，并推动了国家网络硬件环境的建设，使所有网上用户都能因此而受益；

（4）随着技术及管理的完善，考生能及时主动地得到有关信息，取代了以往考生信息来源的各种中间环节，这样既净化了社会风气，同时也增大了社会监督力度。

124. 首届"烛光奖"颁奖

烛光工程由中华慈善总会于 1998 年 4 月正式面向全社会启动，它以帮助农村教师减轻生活困难，提高业务素质为宗旨，意在唤起全社会对农村基础教育事业的关注。这个工程有两个主要事项：一项是设立烛光工程基金；一项是设立"烛光奖"。"烛光奖"每年从贫困的民办教师中选择一批业绩优异者给予奖励。

1999 年 9 月 9 日，在我国第十五个教师节来临的日子，教育部和中华慈善总会在北京联合举办首届"烛光奖"颁奖典礼，表彰奖励了福建省平和县九峰镇益坑小学教师朱梓柞等全国贫困地区 860 名农村优秀中小学教师。10 月 19 日，教育部、中华慈善总会印发了首届"烛光奖"获奖教师名单。

125. 独立学院

1999 年 7 月，浙江大学城市学院成立，它是国家教育部和浙江省人民政府批准设立，由浙江大学、杭州市人民政府合作办学，并与浙江省电信实业集团共同发起创办的全日制本科普通高校，是我国第一所独立院校。

独立院校是近年来在我国高校领域诞生的新事物，是依托名校影响力，运用社会办学力量，引入民营机制，实施全新管理模式和运行机制的新型二级学院。在高考录取批次上，独立学院属于第三批录取院校，也称三本。

　　目前独立学院主要有以下几种方式：国办院校结合企业资本联合举办、民办大学挂靠改制和国办大学独立兴建。独立学院的招生是通过学院办学所在的省市，根据全国高考的招生计划，实施降低分数的方式进行的。独立学院的毕业生将获得被国家承认的学历证书。与学校本部毕业证书不同的是，学校本部学生的毕业证书只盖有学校校名印章，而独立学院的学生毕业证书上加盖的是该大学某某学院印章。独立学院的独立性体现在其经费来源不是来自国家拨款而是由学院的举办方通过各种方式筹集得到，在经费、学费和其他一些相关的管理上也都是按照民办大学的方式进行管理。

　　近年来，独立学院发展较快，2008年5月教育部公布了全国被批准的300多所独立学院，其中湖北最多，有近30所。独立学院通过市场化资源配置方式，实现了国有公办高校与企业、社会资源的有机结合，极大促进了我国高等教育资源的迅速、有效的扩张，为地方经济建设与社会发展，为高等教育普及大众化做出积极的贡献。独

立学院有助于推进我国高等教育由精英教育向大众教育转变的进程，并正逐渐发展成为今后我国高等教育事业中的重要组成部分。

126. 高校大扩招

从1999年起，我国开始了大规模的高校扩大招生，1998年全国普通高校招生达到108万人，到2007年，全国普通高校招生达到1010万人，增幅近10倍。

1998年11月，当时在亚洲开发银行驻中国代表处工作的汤敏和夫人左小蕾，试图通过扩大内需来带动经济发展，呈交给国务院领导一封信。在信中建议，在三至四年内使高校的招生量扩大一倍，新增学生实行全额自费，同时国家建立助学贷款系统，给部分有困难的学生提供贷款。这一建议，最终得到了包括时任国务院总理朱镕基同志等在内的高层认可。1999年初，有关部门拟定一个招生计划，招生人数比前一年增加20%多，后来觉得幅度还不够大，几个月后增至47%。到2007年，普通高等教育招生566万人，在校生1885万人，毕业生448万人。

扩招以来，高校毕业生待业人数年年增长。到2007年全国普通高校毕业生有144万人待业，给全国的就业形势带来很大压力。大学生就业问题成为社会关注的热点问题。高校扩招初期，人们曾高呼中国高等教育从以前的"精英教育"模式进入了"大众教育"模式。但制度推行几年来，也凸现了很多问题，比如加大了大学生就业难度；高校教学质量降低；许多高校为扩大办学规模，欠下大笔贷款，陷入金融危机等。

127. 春季高考推行 ★★★

1999 年，继高校扩招之后，我国又进行了一次重大的高考制度改革——试行春季高考。2000 年，北京、安徽两地率先拉开春季高考的序幕。2001 年春季招生扩大到天津、内蒙古等 5 省区市。

春季招生缓解了夏季一次高考对考生的压力，带给考生更多的接受高等教育的机会，也鼓励一部分社会青年继续深造，从而有利于延缓社会就业的压力。春季高考还在一定程度上缓解了中学升学的压力，为全面实施素质教育创造了宽松的环境。并且春季高考为高校扩大招生规模提供了机遇，为学校探索实行学分制创造了条件，有利于提高办学效益，促进学校加快专业改造，促进高校加快教学和管理等方面的改革。春季高考几年以来，春季招生取得了成功经验并在社会上产生了良好的影响。

对于考生来说，春季招生却如同鸡肋，报考

人数逐年降低。这主要是因为：

一、春季高考被人们贴上了"落榜生高考"的标签，这使得很多考生在心理上不愿意通过这种考试进入大学的校园，即使有些人参加春招考试，也往往是为了检验自己的复习水平。

二、并不是所有学校所有专业都会在初级招生中录取学生，一般春招只有普通学校冷门专业参与录取。这大大降低了学生选择学校和专业的自主权。

所以，到了 2004 年，安徽和内蒙古叫停 2005 年的春季高考。随后，北京宣布从 2006 年起取消春季高考。由于天津的春季高考同其他试点城市的制度设计、节奏安排不尽相同，因此，实际只有上海独扛春季高考的大旗。

128. 高考外语增加听力考试 ★★★

自从在高考中加入了英语的考试后，英语教育开始被全国人民所看重。但是绝大部分考生的英语仍然存在着"听不懂、讲不出，难以与外国人直接交流"的问题。因此又被称为"聋子英语"和"哑巴英语"。为此，1996 年开始，我国在中学教育阶段逐渐增加了听力教育。

2000 年教育部考试中心向各省（自治区、直辖市）提供了 4 种高考英语试卷：(1) 含听力部分且其权重占全卷 20%的试卷；(2) 含听力部分但其权重仅占全卷 13%的试卷；(3) 不含听力部分的试卷，同时单独提供听力部分的试题和录音母带；(4) 不含听力部分的试卷，由各地根据自己的情况进行选择。部分选择试卷 (3) 的省，用有关听力试题组成一个单独的考查单元，待高考英语考试正式结束后，进行听力考查。该单元的成绩不计入总分，但单独打印在成绩单上，供高校录取时参考，以便鼓励考生发挥正常水平。选择试卷 (4) 的省市，没有进行听力考查。

2001 年，除部分暂不具备条件的省市外，全国大多数省市的高考英语都将增加听力测试，并把测试分数计入总分。

129. 开始供应"中小学黑白版教科书" ★★★

最初，中小学生的教科书多为彩色，用料和印制也非常精致，宛如杂志一般。这导致书本费增加，常常为家庭教育支出造成负担。

2000 年，为了确保实现党中央、国务院提出的普及九年义务教育的目标，进一步减轻农村和贫困地区学生家庭的经济负担，遏止因此而造成的中小学生辍学现象，国家决定在全国 592 个贫困县和各地的省级贫困县以及尚未普及九年义务教育的地区，为中小学生提供黑白版教科书。

"中小学黑白版教科书"，是中小学经济适用型教材的一种俗称，因为它与原来通行的教材，各种内容上都相同，但色彩不同，为黑白色，故称为黑白版教科书。这减少了书本费的成本，减缓了贫困家庭的教育压力。

2007 年，我国决定对全国农村义务教育阶段所有学生免费提供国家课程的教科书，自 2008 年春季开学起，免费提供地方课程的教科书。这样就全面解决了中小学义务教育阶段家庭对教材的支出问题，成为黑白版中小学教材推行的一个最终的继续。

130. "西部开发助学工程" 启动

"西部开发助学工程"是专门资助我国西部地区家庭贫困学生的一项计划。

2000 年，"西部开发助学工程"正式启动，每年在中西部地区的 21 个省、市和新疆生产建设兵团选择部分品学兼优的特困生，资助每人每年 5000 元，帮助他们完成本科阶段的学业，同时，适当减免或全免受资助学生在校期间学费。

2002 年，"西部开发助学工程"向高中阶段延伸，开办高中"宏志班"。

131. 高考条件放宽

2001 年，我国第一次最大规模对高考报名条件放宽，对 报名参加普通高校招生全国统一考试的考生条件进一步放宽，取消"未婚，年龄一般不超过 25 周岁"的限制；应届中等职业学校毕业生不再只限报高等职业学校，可在毕业当年参加普通高校报考。本年度报名参加全国普通高考考生年龄最大的 73 岁，录取年龄最大的 63 岁。

132. 英语走进小学课堂

改革开放后，英语逐渐成为全国人民都非常看重的外语，但在 2001 年前，我国的英语教育是在初中开始。为了提高我国的英语水平，2001 年秋季，全国小学逐步开设英语课程，规定小学应该在三年级开设英语课程，有条件的地方可以从小学一年级开设英语课程。这是新中国成立以来，第一次将英语教育普及到小学阶段。

对于小学英语的教学，从教学方法和教学思维上借鉴了素质教育中别的课程的教学。在课堂上，教师注重学生英语学习兴趣的培养，创造了很多生动活泼、深受学生喜爱的课堂教学形式。在课外，很多学校注重为学生创造语言学习的氛

▲ 老师给学生上英语课

围，开展英语校园活动、建设有英语氛围的校园文化。

133. 高等教育学历证书开始电子注册

为了建立一个方便、快捷、不需要太多代价查询学历证书真伪的权威的认证地方，2001 年，我国开始实行高等教育学历证书电子注册制度。

高等教育学历证书电子注册，即是将每个学生获得高等教育学历证书进行电子登记，上传上网，建立一个权威的认证数据库，供社会查询。每张高等教育学历证书均需注册，其中包括普通高等教育、成人高等教育、高等教育自学考试、国家学历文凭考试等，凡未进行电子注册的学历证书国家不予承认。

2000 年，北京、天津、重庆、辽宁、湖北开始试点实行高等教育学历证书电子注册制度。2001 年，高等教育学历证书电子注册制度在全国推行，注册内容包括姓名、性别、出生年月日、专业、学历层次（本、专科）、证书编号六项。2002 年，又增加了毕业生彩色登记照片和身份证号码两项。

建立高等教育学历证书电子注册，对于打击假学历、假文凭，维护高等教育质量，维护国家学业证书制度，有着重要的意义。

134. 研究生援藏计划开始

研究生援藏计划是专门针对西藏地区在职人员开办的研究生招生计划。新中国成立后，我国先后提出了诸多方面的援藏计划，教育援藏是其中的一个方面，而研究生援藏计划只是教育援藏极小的一个组成部分。

2002年，我国启动研究生"援藏计划"。决定在2003年，由中国人民大学、北京师范大学、四川大学等八所高校，在西藏自治区在职干部中招收攻读硕士学位研究生430人，获得国家承认的本科毕业学历、在藏工作两年（含）以上、年龄在40岁（含）以下的在职干部。招生方式为单独考试、单独录取。

至今，研究生援藏计划仍在实施。

135.《中国教师报》创刊

2002年9月9日，在第18个教师节到来前夕，中国教育报刊社郑重地向社会宣布：一份全国教师自己的报纸——《中国教师报》创刊。这份报纸由中华人民共和国教育部主管、中国教育报刊社主办，正式出版日期为2003年1月1日。

这份报纸是我国第一份专业的教师报纸。它面向全国庞大的教师队伍，以"零距离贴近教师"为办报理念，以"全心全意为教师服务"为办报宗旨，帮助教师们提高师德和业务水平，使他们真正成为教育改革与发展的生力军。

136. 国家奖学金设立 ★★★

"奖优助困"是教育中应有之义，在教育现代化进程中，我国也积极建立"奖优助困"的教育保障体系。2002 年 5 月 21 日，教育部和财政部决定正式设立国家奖学金，以资助家庭经济困难的普通高等学校学生完成学业。这是中国自 1987 年以来，首次设立国家奖学金。

国家奖学金每年将定额发放给 4.5 万名学生，其中 1 万名学生将享受每人每年 6000 元的一等奖学金；其余 3.5 万名学生将享受每人每年 4000 元的二等奖学金。凡国家奖学金获得者，其所在学校均减免该生当年的全部学费。

高校学生申请国家奖学金的基本条件是：道德品质优良，遵纪守法，生活俭朴，在校期间学习成绩或参加全国统一高考成绩优秀和家庭经济困难。这样以政府名义设立的如此高额的奖学金还是首次。国家奖学金的设立，大大完善了学生资助体系，能够实质性地解决困难学生的经济困

难。各个高校大都根据自己学校的具体情况，制定了具体的国家奖学金的评审办法。比如要求获奖学生从事一定时间的志愿服务等。

2007 年，我国实行了全面的国家奖学金制度。将国家奖学金制度分为国家奖学金、国家励志奖学金、国家助学金三种。其中，国家奖学金的金额提高为每人每年 8000 元，不再仅限于贫困优秀的学生，每年奖励 5 万名；国家励志奖学金则针对贫困、优秀的学生，每人每年 5000 元，国家助学金主要资助家庭经济困难学生的生活费用开支，平均资助标准为每生每年 2000 元。具体标准在每生每年 1000 元到 3000 元范围内确定。

137. 港澳高校第一次在内地招生 ⭐⭐⭐

由于历史原因，大陆和港、澳、台三地在高考上是相互隔绝的。中国内陆的高考只在大陆范围内统一招生，与港、澳、台无关，而港、澳、台的高校也与大陆的高考没有关系，甚至相互之间不承认学历，虽是一国，在高等教育上却宛如几个国家。

20 世纪 90 年代末，这种情形开始改变。随着香港、澳门的回归，大陆和港、澳的教育交流开始加强。1998 年，作为试点，香港的大学开始委托内地的大学代招大学本科生。2002 年，香港高校首次获准在内地招生，但由于此时大陆高考时间已过，当年没有正常开展招生工作。

2003 年，香港高校首次实际在大陆招生，香港大学、香港中文大学等 8 所香港公立高校从北京、上海、江苏、浙江、福建、广东 6 省市招收了自费本科生。从此之后，香港高校在内地招收规模一步步增加，招收的省市范围一步步扩大，招收的香港高校数目也在增加。

2005 年，香港城市大学和香港中文大学两所香港高校被正式纳入全国高校第一批本科招生计划，可以按照内地重点高校招生的程序和办法招收内地优秀高中毕业生。这在香港高校中属首次。其后，澳门的高校也加入到了内地招生的行列。2008 年，香港的香港大学、香港中文大学、香港理工大学、香港科技大学、香港城市大学、香港

▼ 香港皇后大道

浸会大学等 12 所高校。澳门的澳门大学、澳门科技大学、澳门理工学院等 6 所高校，共 18 所高校，在内地 25 省市招生。

138. "大学生志愿服务西部计划" 选调开始

"大学生志愿服务西部计划"，简称为"西部计划"，一方面这是在"西部大开发"战略下调配人才的一个计划。另一方面这也是对严峻就业形势的一种缓解。

2003 年 6 月，我国正式实施"西部计划"，按照公开招募、自愿报名、组织选拔、集中派遣的方式，招募了 6000 名普通高等学校应届毕业生，到西部贫困县的乡镇从事为期 1~2 年的教育、卫生、农技、扶贫以及青年中心建设和管理等方面的志愿服务工作。志愿者服务期满后，鼓励其扎根基层，或者自主择业和流动就业。

规定志愿者服务期为 1 年，服务期满考核合格的，授予中国青年志愿服务铜奖奖章；志愿者服务期为 2 年，服务期满考核合格的，授予中国青年志愿服务银奖奖章，表现优秀的授予中国青年志愿服务金奖奖章，表现特别优秀的推荐参加中国青年五四奖章、中国十大杰出青年、中国十大杰出青年志愿者、国际青少年消除贫困奖等评选。

"西部计划"得到了全国高校应届毕业生的热

烈响应，以后每年我国都实施了该计划，并人数有所增加，为我国西部输送了人才。

139. 留学预警制度建立 ⭐⭐⭐

为促进自费出国留学工作健康有序发展，坚持自费出国留学工作正确导向，维护自费出国留学人员的合法权益，针对自费出国留学活动中的突出问题，自2003年下半年，教育部建立了留学预警制度。

2003年6月23日，教育部通过教育涉外监管信息网和中国留学网首次公布了美、英等10个国家的部分学校名单。这些学校均经过所在国教育主管部门认可。除此以外，教育部还公开曝光了九家自费出国留学中介服务机构的违规操作情况。

留学预警制度的建立受到了社会各界的广泛关注和肯定。一些媒体将留学预警比喻为"出国留学权威风向标"。有的留学人员和家长称留学预警使他们避免遭受到重大损失。

建立留学预警制度，是教育部积极探索中国现阶段教育涉外监管模式的一次尝试，也表明了教育部规范整顿教育涉外市场秩序，解决自费出国留学工作中信息不对称、不透明问题的信心和决心。

140. 22所高校试行自主招生 ★★★

随着人们对中国教育的深入思考，"惟分数是举"的价值体系已越来越受到全社会的质疑。上海少年天才韩寒，不到20岁就频频出版销量达数十万册的小说，但他因数理化成绩过低而被大学拒绝。中国著名童话大王郑渊洁也对这种教育体制进行了激烈的反抗，他特立独行地自己编写教材在家教育孩子。他认为，"中国的教育往往就是把一些优秀的少年从早期就淘汰掉了"。

对于这种"一考定终身"的现代"科举"制度，2003年，教育部宣布，将允许包括北京大学、清华大学、南京大学、复旦大学在内的22所著名高校，自主录取5%的新生。这意味着将有一定数量才华出众的中学生，在分数略低的情况下，有可能进入理想的高校。

所谓自主招生，就是除了文艺、体育特长生享受降分录取外，对在学习成绩、科技发明、思想品德等方面非常优秀的学生，可由获得自主招生权的学校降分录取，一般降分的标准在10~20分，而自主招生的名额一般不超过当年招生计划的5%。享受大学自主招生降分录取的考生由地方申报，然后接受地方中学组成的考察组考察和认定，最后还要接受大学专家的审查。

2003 年开展自主选拔录取改革试点的高校是：北京大学、中国人民大学、清华大学、北京师范大学、中国政法大学、复旦大学、同济大学、上海交通大学、华东理工大学、华东师范大学、南京大学、东南大学、南京航空航天大学、南京理工大学、河海大学、中国药科大学、南京农业大学、浙江大学、中国科学技术大学、华中科技大学、中山大学、重庆大学。

141. 大学生毕业可在校保留档案 ★★★

为了方便高校毕业生就业，2003 年我国规定，大学毕业生可在校保留档案。如此，毕业离校时未落实工作单位的高校毕业生，将其档案和户口保留在原就读学校两年，待落实工作单位后，将档案和户口迁至工作单位所在地。超过两年仍未落实工作单位的高校毕业生，学校将其档案和户口迁回毕业生入学前户籍所在地。

这一政策，在以后的几年内得到延续实行。因为我国实行严格的户籍制度，一个人就业时不得不考虑户口问题，从而对不能够解决户口的单位望而却步。保留户口的规定，使得大学毕业生可以在一家不能够解决户口的单位暂时工作下来，在一定程度上促进了大学生就业。

142. 首届高校教学名师奖颁发

2003 年 9 月 9 日，在第 19 个教师节到来之际，平素习惯于走上讲台的 100 位高校教师，9 日走上了领奖台，领取"首届高等学校教学名师奖"证书和奖杯。

设立高等学校教学名师奖，表彰在高等学校人才培养工作中做出突出贡献的教师，是新中国成立以来的第一次。教育部称此举是尊重知识、尊重人才、尊重教师劳动的具体体现，目的是为了促进教授上讲台，鼓励名师为本、专科生开设基础课和专业基础课，通过名师的引导示范作用，从根本上提高教育教学质量。

获得高等学校教学名师奖的 100 名教师中，62名来自教育部直属高等学校，35 名来自省属高校，3 名来自军队院校。他们长期奋斗在基础课程教学第一线，在学术研究取得突出成就的同时，积极主动承担本专科基础课教学任务，在引领教学内容、方法等方面做出了突出成绩。

143. 34 所高校自行划定研究生复试线

2003 年，在高考实行自主招生的同时，我国研究生考试也进行了改革尝试，有 34 所高校获得了自行划定研究生复试线的权力。这34所高校恰好是首批进入"985工程"名单的高校。

由高校自行划定研究生复试分数线，这是我国高等教育的一大尝试。以往，我国对于研究生考试主要实行统一考试、统一划线的做法，并分为三个区域划线，即A区、B区和C区，各区之间分数存在差距。而34所高校自行划定复试线，并不受这三个区域分数线的限制。这是我国首次授予高校这样的权力。

这34所自划线高校复试工作先于其他高校进行，可以将未通过一志愿复试线的考生及时调剂至其他高校，使其他招生单位和考生的调剂更加主动。

144. "农民工子弟学校"成立 ★✦✦✦

随着大量的农民工涌入城市，为了解决农民工子女的就学问题，20世纪90年代，农民工子弟学校应运而生。它们是民间开办，专门招收不能够进入城市公办学校的进城农民工子女。但是由于没有政府的支持，农民工子弟学校的办学质量、师资力量、教室条件、饭食等，都难免有不尽如人意的地方，甚至经常被关闭。

农民工子弟学校这种民办的尴尬地位引起了社会的关注、讨论。2003年9月，国务院发布了

《关于进一步加强农村教育工作的决定》，正式要求城市支持农村教育，第一次提出农民工子女教育的"两个为主"，即城市各级政府要坚持以流入地政府管理为主、以公办中小学为主，保障进城务工就业农民子女接受义务教育。不久后，教育部、中央编办、公安部、发展改革委、财政部、劳动和社会保障部六部委联合出台《关于进一步做好进城务工就业农民子女义务教育工作的意见》，明确提出了具体目标："使进城务工就业农民子女受教育环境得到明显改善，九年义务教育普及程度达到当地水平。"2004年3月，十届人大二次会议上，温家宝总理在《政府工作报告》中总结道："许多城市开始实行以流入地政府管理为主的办法，努力使进城务工农民的子女能够上学。"由此。农民工子弟学校开始改革，农民工子女教育问题开始走出民办的范围。

145. 首次少数民族汉语水平等级考试开始

为了满足少数民族地区汉语教学的需要，建立适合少数民族学习汉语的科学评价体系，全面推进汉语教学改革。教育部民族教育司在经过认真调研之后，于2001年正式启动中国少数民族汉语水平等级考试（以下简称民族汉考）项目的研制工作。

民族汉考是专门测试母语非汉语少数民族汉语学习者汉语水平的国家级标准化考试，主要考查应考者实际运用汉语进行交际的能力，考查应考者运用汉语工具完成生活、学习、工作和社会交往任务的能力。考试等级从低级到高级，共分为四个等级。一级为评价小学毕业生汉语水平的依据；二级为评价考生能否适应全日制民族高级中学和中等专业学校学习汉语的依据；三级为评价汉语授课的普通高等学校招收少数民族应考者汉语水平的依据；四级为评价少数民族大学本科毕业生汉语水平的依据。

目前，民族汉考广泛用于北京、新疆、青海、内蒙古、四川、吉林等省区的高考、中考、预科结业、大学毕业考试等考试领域，取得良好的社会效应。

146. "少数民族骨干计划"启动 ★★★

少数民族骨干计划全称为"少数民族高层次骨干人才培养计划"，又称"民族骨干""少骨计划""骨干计划"等，是一项由教育部、发展改革委、国家民委、财政部、人事部五部委联合实施培养少数民族地区硕士研究生、博士研究生的专门计划。

"少数民族骨干计划"的招生范围是西部 12

省、自治区、直辖市，海南省，新疆生产建设兵团，河北、辽宁、吉林、黑龙江 4 省民族自治地方，湖南湘西自治州、张家界、湖北恩施自治州，内地西藏班、内地新疆高中班、民族院校、高校少数民族预科培养基地和民族硕士基础培训基地的教师和管理人员。招生原则是"定向招生、定向培养、定向就业"，招生过程采取"自愿报考、统一考试、适当降分、单独统一划线"，招生人数在招生单位研究生招生总规模之外单列等特殊政策。

报考就读该计划的研究生毕业之后必须回到原籍省份服务满规定年限，报考前为在职人员的研究生，原则上毕业后须回原单位继续工作；报考前为应届生的研究生，毕业后回原籍省份工作。研究生就读期间由财政部提供全额奖学金及一定比例的生活补贴保证其顺利完成学业。

2005 年，"少数民族骨干计划"第一年试点招生，人数有 2500 人。2009 年。"少数民族骨干计划"招生人数是 4700 人，有北京大学、中国人民大学、清华大学等 90 多所高校参与招生。

147.《考生诚信考试承诺书》推出

为维护国家教育统一考试的公平、公正，加强对考生遵守考试纪律的教育，强化考生的自律意识，营造诚实守信的考试环境，树立文明良好的社会风尚。2004年，我国在高考、成人高考、硕士研究生考试、高等教育自学考试等国家教育统一考试中，推出了《考生诚信考试承诺书》。要求所有考生应该认真阅读，并签认。这一年。我国723万高考考生都签订了《考生诚信考试承诺书》。

《考生诚信考试承诺书》的基本内容有：①考试有关规定、考生须知和遵守的纪律要求等；②考生已阅读考试有关规定，愿意在考试中自觉遵守，如有违反将接受处理；③按教育考试机构的要求，本人所提供的个人信息是真实、准确的；④考生本人签字、日期等。

这个制度的建立，狠狠地打击了考试违纪舞弊歪风，且有效地制止考场腐败等行为，为所有的考生建立了一个诚信的公平的考场。

148. 第一家孔子学院开学 ★★★

孔子学院即孔子学堂，它并非一般意义上的大学，而是推广汉语和传播中国文化与国学的教育和文化交流机构，是一个非营利性的社会公益机构，一般都是下设在国外的大学和研究院之类的教育机构里。孔子学院最重要的一项工作就是给世界各地的汉语学习者提供规范、权威的现代汉语教材；提供最正规、最主要的汉语教学渠道。

孔子学院总部设在北京，它秉承孔子"和为贵""和而不同"的理念，推动中国文化与世界各国文化的交流与融合，以建设一个持久和平、共同繁荣的和谐世界为宗旨。

2004年11月，在韩国首都首尔（原名汉城），正式成立。这是全球第一家孔子学院。这之后，在全球各地，孔子学院相继成立。至2007年9月，全球已启动孔子学院175所，分布在156个国家和地区，成为传播中国文化、推广汉语教学、推动中外文化交流的一个全球品牌和平台。

149. 大学生村官

2005年7月，中央办公厅、国务院办公厅下发《关于引导和鼓励高校毕业生面向基层就业的意见》；2006年2月，中央组织部、人事部、教育部等八部委下发通知，联合组织开展高校毕业生到农村基层从事支教、支农、支医和扶贫工作。此后，大学生"村官"工作进入大范围试验阶段。

大学生村官是指选聘高校毕业生到农村担任村干部。政府以"公开、平等、竞争、择优"为原则，按照公开招募、自愿报名、组织选拔、统一派遣的方式，2006年开始连续5年，每年招募2万名高校毕业生，主要安排到乡镇从事支教、支农、支医和扶贫工作。服务期限一般为2～3年。

服务期满后，国家将在就业、落户、助学贷款代偿、公务员报考等方面提供优惠政策。

有人称大学生村官选拔是"新时代的知青上山下乡"。鼓励大学毕业生当"村官"，正是搭建农村人才"高地"、促进城乡人才双向流动的有力举措。对大学生来讲，在面临就业压力、人才闲置和浪费的情况下，通过政府的政策介入，理顺了市场选择不足的部分。

150. "国家示范性高等职业院校建设计划"启动

为了提升高等职业院校的办学水平，教育部于 2006 年启动了被称为"高职 211"的"百所示范性高等职业院校建设工程"。计划从 2006 年到 2010 年，分年度、分地区，选择 100 所高等职业院校，进行示范性重点建设。第一批选择 30 所，第二批选择 40 所，第三批选择 30 所。其经费由中央财政支持，对入选示范院校实行经费一次确定、三年到位，项目逐年考核、适时调整的做法。对年度绩效考核不合格的院校，终止立项和支持。同时预留部分资金，对项目执行情况好的院校实行奖励。为此国家将至少投入 20 亿元以上。这是新中国成立以来对高等职业教育最大规模的一次支持性投资。也是我国专门针对高等职业教育发展的第一个大手笔投入计划。

151. "国家公派留学生项目"启动

"国家公派留学生项目"全称是"国家建设高水平大学公派研究生项目"，这是国家为了实施科教兴国、人才强国战略，培养高层次创新人才，建设高水平大学，建设创新型国家实施的项目。该项目于 2007 年正式启动。从这个项目的名称上也可以看出，是主要面向"985 工程"名校，为建设我国具有世界水平的高校，而鼓励、支持留学生的一个计划，它是改革开放以来最大规模的公派留学生项目。重新掀起了国家公费派遣留学研究生的高潮。

"国家公派留学生项目"是联合国外的一些学校，如哈佛大学、帝国理工学院、剑桥大学、东京大学等。鼓励、支持国内学生去国外攻读博士学位，然后回国服务。计划自 2007 年到 2011 年，每年选派 5000 名学生到国外攻读博士学位，攻读博士学位的方式有两种：一是正常的攻读博士学位；二是攻读国内外联合培养的博士学位。申请第一种者应为应届本科毕业生、在读硕士生或在读博士一年级学生，留学期限一般为 36 ~ 48 个月；申请第二种，申请者应为在读一、二年级博士生，留学期限为 6 ~ 24 个月。

"国家公派留学生项目"重点选派领域为能

源、资源、环境、农业、制造、信息等关键领域及生命、空间、海洋、纳米、新材料等战略领域和人文及应用社会科学。

152. 六所部属师范高校恢复免费 ✔★★★

为了进一步在社会上形成尊师重教的浓厚氛围，让教育成为全社会最受尊重的事业，鼓励更多的优秀青年终身做教育工作。我国逐渐恢复师范大学生免费教育。

2007 年，按照师范生免费受教育的这一新政策，凡考入教育部直属的 6 所师范大学（北京师范大学、东北师范大学、华东师范大学、华中师范大学、西南大学（原西南师范大学）和陕西师范大学）的大学生，不用再交钱读书。免除在校学习期间学费，免缴住宿费，并补助生活费。所需经费由中央财政安排。

其实，在我国近代师范教育建立以来，国家一直对师范生给予免除学费等优惠政策。1997 年，实行全面并轨之后，中国高校收费制度普遍实行按教育成本分担原则缴费入学，师范大学学生逐渐开始交费上学。师范大学学生上学交费，让师范学校成为很多人的畏途，影响了人们从事报考师范大学、从事教师职业的热情。

153. 2008 年全面普及九年义务教育 ★★★

2008 年 9 月 1 日国家在全国范围内全部免除城乡义务教育学杂费。

免除义务教育学杂费，凝聚着中华民族对"有教无类"梦想的执着追求。从此以后，无论是繁华都市还是偏远山村，无论是边陲小镇还是南疆海岛，每一个义务教育阶段的孩子都可以有学上，每一个家庭都减少了一份经济负担。

这项惠民政策预示着我国九年义务教育的全面普及，标志着中华民族的文化素质和中国的综合国力获得了全面提升，也为中国未来的长足发展奠定了坚实的基础。目前，我国 15 岁以上人口平均受教育年限超过 8.5 年，比世界平均水平高一年，新增劳动力平均受教育年限达到 11 年，总人

▼ 中学生运动会

口中有大学以上文化程度的超过 7000 万人，位居世界第二，初中以上文化程度的劳动力在世界上遥遥领先。

154. 学生营养改善计划 ★★★

为提高农村学生尤其是贫困地区和家庭经济困难学生健康水平，我国决定从 2011 年秋季学期起，启动实施农村义务教育学生营养改善计划。在集中连片特殊困难地区开展试点，中央财政按照每生每天 3 元的标准为试点地区农村义务教育阶段学生提供营养膳食补助。试点范围包括 680 个县（市）、约 2600 万在校生。初步测算，国家试点每年需资金 160 多亿元，由中央财政负担。

营养改善计划是"做加法"的过程，并非代替午餐，也不是国家将这些地区义务教育学生的午餐"全包"了，是在现有的基础上做一个补充和改善。在许多贫困地区，午餐的主食是孩子从家里带的，"3 元钱"的营养餐在一些地区可以解决午餐"副食"的问题，在另外一些地区，可以作为课间的营养补充。

155. 《校车安全管理条例》发布 ★★★

2012 年 4 月 5 日，国务院公布了《校车安全

▲ 校车

管理条例》，这一校车安全管理的专门行政法规，将校车安全问题纳入法制轨道，依循以人为本的原则，确立了保障校车安全的基本制度，为校车行驶画出清晰可辨的"安全线"。

2013 年 1 月 7 日，厦门首张校车"许可证"正式发出，这使曾遭遇"挂牌难"的校车终于"柳暗花明"，举国关注的校车挂牌和管理问题，在厦门走上正轨。这也意味着，校车安全的规范化时代同时开启。

156. 面向贫困地区定向招生专项计划

从 2012 年起，国家将组织实施面向贫困地区定向招生专项计划，在普通高校招生计划中专门安排适量计划，面向集中连片特殊困难地区生源，实行定向招生。

国家决定，在"十二五"期间，国务院确定的21个省（区、市）的680个贫困县，每年有约1万名学生成为"国扶计划"的受益者，以单报志愿、单设批次、单独划线的方式进入大学。

通过该专项计划的实施，对改变农村生在重点大学的比例日益走低的局面有一定的作用。它不仅增加了贫困地区学生接受高等教育的机会，促进教育公平，还在一定程度上引导贫困地区基础教育健康发展，提高教育水平。同时，鼓励学生毕业后回贫困地区就业创业和服务，也为贫困地区发展提供人才和智力支持。

157. 南科大获批转正 ⭐⭐⭐

2011年3月，南科大教改实验班开学，2012年4月，教育部在其网站上挂出《关于同意建立南方科技大学的通知》，同意建立南方科技大学。这样，从2007年4月开始进入筹建前期工作的深圳南方科技大学，历时4年多，终于获准正式建立。南科大也由此获得"招生证"。

南方科技大学是一所创新型大学。学校将充分借鉴世界一流大学的办学模式，创新办学体制机制，实行理事会治理结构，学术主导，学术自

以俄为师到自主发展的中国教育之路

治。学科以理、工学科为主，兼有部分特色文科和管理学科；在本科、硕士、博士多层次上办学，一步到位，按照亚洲一流标准组建系、专业和研究中心（所），建成类似加州理工学院那样小规模、高质量的研究型大学。

158. 教育部首次公开选拔直属高校校长

2012年3月20日，教育部公布首次面向海内外公开选拔的直属高校校长和总会计师名单。东北师范大学、西南财经大学校长和东南大学、山东大学、华中科技大学、中央戏剧学院、东北大学、中国海洋大学6所高校总会计师名单公示。这是深入贯彻落实教育规划纲要精神，深化干部选拔任用制度改革的破冰之举。12月4日，教育部再次发布公告，面向海内外公开选拔北京科技大学、北京中医药大学、中国药科大学3所高校校长。

这种公开选拔机制对于高校校长的选拔具有非常大的积极作用。它扩大范围，公开选拔，起到了"唯才是举"的目的。

好的大学校长对于建设有特色、高水平大学至关重要。作为"掌舵人"，大学校长甚至被称为一个学校的灵魂。近代蔡元培、胡适、竺可桢等已因其对中国现代大学制度的卓越贡献而垂诸史册，风范千秋；当代马寅初、谢希德、江隆基等同样以其丰富的人性遗爱人间而一直为后世怀念。也正因为如此，大学校长人选备受关注。

159. 国务院成立教育督导委员会 ⭐⭐⭐

为贯彻落实《国家中长期教育改革和发展规划纲要（2010—2020年）》，进一步健全我国教育督导体制，国务院决定成立国务院教育督导委员会，并于2012年10月1日，公布实施《教育督导条例》。

国务院教育督导委员会的主要职责是研究制定国家教育督导的重大方针、政策；审议国家教育督导总体规划和重大事项；统筹指导全国教育督导工作；聘任国家督学；发布国家教育督导报告。这标志着我国教育督导走上法制化轨道。

《教育督导条例》出台后，督学的工作出现一定变化。"发现问题必须上报"成为一项法定程序。在之前，只是这个渠道存在，并没有硬性规定。并且，督学们发现问题必须同时向上级行政部门汇报，避免了平级政府可能存在的地方保护主义。群众可以向片区督学反映问题，也可以直接向当地教育督导机构反映问题。

参考文献

[1]何沁.中年人民共和国史[M].第二版.北京:高等教育出版社,1999.

[2]张广友.抹不掉的记忆——共和国重大事件纪实[M].北京:新华出版社,2008.

[3]宋健.新中国科学技术回顾与展望[M].北京:中国科学技术出版社,2003.

[4]郭大钧.中国当代史[M].北京:北京师范大学出版社,2007.

[5]中国科技信息杂志社.创新中国:优秀科技成果概览[M].北京:世界知识出版社,2008.

[6]张宏儒,长弓,筱平.中华人民共和国大事典(1949-1988)[M].北京:东方出版社,1989.

[7]张树军.图文共和国年轮(1949-1959)[M].石家庄:河北人民出版社,2009.

[8]李学昌.中华人民共和国事典(1949-1999)[M].上海:上海人民出版社,1999.

[9]顾明远.世界教育大事典[M].南京:江苏教育出版社,2000.

[10]张宏儒.二十世纪中国大事全书[M].北京:北京出版社,1993.

[11]冯登岗,刘鲁风.新中国大事辑要[M].济南:山东人民出版社,1992.

[12]陶西平.教育评价辞典[M].北京:北京师范大学出版社,1998.

[13]有林,郑新立,王瑞璞.中华人民共和国国史通鉴第四卷(1976-1992)[M].北京:红旗出版社,1993.